花草巡礼·世界花艺名师书系

# 生 活 美 花 图 鉴

## 40种经典花艺素材的使用技巧

## Beautifying Life With Flowers

[日]增田由希子 著

袁 光 孙冬梅 王 虹 杨忠雪 刘习雅 译

机械工业出版社
CHINA MACHINE PRESS

让我们用切花把生活装扮得更加美丽幸福吧!

你试过用一瓶鲜花把朴实无华的餐桌装点得光彩照人吗？

我们只需用心爱的花朵、应季的鲜花和清新可爱的绿植装点生活，就能看到不同寻常的风景，感受到花草带给我们岁月静好式的安宁。

花草相伴，不仅能让我们目睹四季更迭之美，还能创造出精致优雅的感性生活。

本书为你介绍的是在任何一家花店都能见到的常见花材，并非奇花异草。它们也是你在四季变换中最先想到能用来装点生活的经典花卉。

如果你在学习花卉知识的过程中能够形成独立的花艺风格，那将是我无上的荣耀与骄傲。

增田由希子

# 目 录

*所有花材数据均于 2017 年 2 月获得。
*品种名目是根据所使用的花材记录的，但有些品种在将来可能不再出售。
*"上市期""持花 / 果 / 叶天数"均为参考值，这些数据因地域、天气、气温、当年情况而异。

# 01
## 三色堇
**Viola**（小花品种）/ **Pansy**（大花品种）

a 马丽娜（Marina）/ b 棕榈（Palm）/ c 莎伦（Sharon）/ d 海洋（Marine）/ e 蓝黄双色（a~d 是大花品种，e 是小花品种）

f 棕桐 / g 莎伦·穆勒（Sharon Mule）/ h，j，l 莎伦 / i 马丽娜 / k 杏影（Apricot shade）/
m 蓝黄双色 / n 蓝白双色（f~l 是大花品种，m 和 n 是小花品种）

# 01 三色堇

## Viola（小花品种）/ Pansy（大花品种）

| 资料卡 DATA | 科名：堇菜科 / 原产地：欧洲、西亚等地 |
| --- | --- |
| | 株高：15~50cm / 花朵直径：1~5cm / 上市期：1月—3月、11月—12月 |
| | 持花天数：3~6 天 |

　　花期从晚秋到次年春季的三色堇既是庭栽和盆栽的常见品种，也是令人倍感亲切的草本花卉。三色堇本是在低矮处默默绽放的丛生小花，花茎较长的品种被人们用作切花。如今的三色堇是由欧洲野生原种（*Viola tricolor*）经品种改良而培育出的园艺品种。由于三色堇的花朵很像人们在思考时做出的表情，且法语"Pensées"也有"思考""考虑"之意，因此它的英文名写作"Pansy"。

**品种大类的区分标准是花朵直径**　大花品种和小花品种在植物学上不做区分。近年来，随着品种的不断改良，两类花的差异也越来越小。一般来说，我们把花朵直径小于3cm的品种称为"小花品种"，把花朵直径大于3cm的品种称为"大花品种"。除了用作切花，三色堇也可以让我们在盆栽种植、修剪、装扮的过程中收获快乐。

**花色丰富、百搭是三色堇的魅力所在**　**A**：单色花的中心部位多为黄色。**B**：花朵边缘起皱的大轮重瓣品种莎伦。**C**：像被墨水沾染成晕的部分（花朵中心的圆形花纹）是三色堇的招牌表情。**D**：此类三色堇拥有渐变的色谱般丰富的花色，现在还培育出了多头品种。很多用作切花的品种甚至还没有正式的名字。

## 打理要点 Point

**摘除无用的叶片**　用剪刀从根部剪掉会浸泡在水中的叶片。由于花茎脆弱易断，操作时请多加小心。

**花苞也能绽放**　三色堇的吸水性较强。多头的花序上的花苞也能绽放。从花梗根部剪掉残花，可以让花材看上去更具活力。

玩赏与制作

## 花束和创意
## Bouquet & idea

左 / 这是用浓淡有别的紫色小花品种和大花品种的三色堇组成的质朴花束。三色堇的叶片为墨绿色，当它与浅绿色的花朵相配时，就能呈现出盎然的春意。

花材：三色堇（大花品种和小花品种）、欧洲美莲、小豆花

右（2件作品）/ 用手掌轻轻地抚平三色堇的花瓣，将之摆放在架子上让其自然风干。风干的过程很有观赏价值，干燥后的花朵仍有温柔的余韵。

## 02
### 金合欢
Mimosa

银粉金合欢

多花相思树

11

# 02 金合欢
## Mimosa

资料卡 DATA　科名：豆科 / 原产地：澳大利亚
枝长：80~120cm / 花穗长度：5cm
上市期：1 月—3 月、11 月—12 月 / 持花天数：3~5 天

　　二三月间，银粉金合欢细软的枝条上开满了黄色的小花，告知人们春天的到来。同时，银粉金合欢也备受欧洲各国人民喜爱。法国每年都会举办金合欢节。在三八妇女节时，意大利的男性还会把金合欢送给自己最想感谢的女性。在法国常见的品种是"银荆（*Acacia dealbata*）"，英语通用名为"Mimosa"，所以银荆类的植物就都被称作"金合欢（Mimosa）"了。在日本常见的品种是银粉金合欢（*Acacia baileyana*）。

**常见品种　A**：销售量最大的品种是银粉金合欢，日本的金合欢多是这个品种。**B**：这是观赏佳期稍过的银粉金合欢。略带紫色的叶片是它的新芽。**C**：由于叶片形似三角形，所以这种金合欢被称作三角叶相思树（极弯相思树，*Acacia pravissima*）。有棱角的叶片和圆润蓬松的小花相映成趣，看起来十分美丽。

**制作干花**　可以把柔软的枝条围成花环装饰房间。这样枝条上的花朵就会自然风干，并逐渐变成古雅的黄色，且后期不会褪色。

## 打理要点 Point

**选择开花枝购买**　由于金合欢花枝被切下后很多花苞都不会绽放，所以要选择花朵绽放的枝条购买，并为之施加切花营养剂。金合欢的吸水性较强。不要让空调的暖风吹蔫了花材。

**彰显花朵的魅力**　金合欢中的银粉金合欢叶片较多，插花时可摘除多余的叶片。

**花粉的清理方法**　金合欢易落花粉。一旦花粉掉落在布艺沙发上，是很难清理的。花材的摆放位置要慎重选择。如果花粉掉在地板上，用胶带粘起清理即可。

### 小知识

日本的金合欢多为银粉金合欢。由于其银灰色的叶片十分美丽，所以无花期（10月—12月）的枝条也会被当作叶材出售。欧洲人喜欢的一种香水就是用金合欢制作的，原料的主要品种是法国常见的银荆。金合欢有蜂蜜和杏仁露混合在一起的馨香，其花语是"丰富的感受性"和"友谊"。

# 玩赏与制作

## 花环
Wreath

## 插花
Arrangement

这是用盛放的金合欢花枝制作的简约花环。它是把枝条绕在花环模子上，再用铜线固定制成的。制作花环前要把多余的叶片摘掉（方法见打理要点）。花环上黄色的小花仿若春天阳光的光粒子。

*花材：金合欢（银粉金合欢）*

将生有柳叶般叶子的多花相思树枝条插在竹篮里，就能营造出楚楚动人的风情。要在竹篮里放一只有水的花瓶，以便给枝条供水。枝条要呈放射状摆放才能突显效果。

*花材：金合欢（多花相思树）*

# 03
## 花毛茛
### Ranunculus

a 不知名的早生高株品种 / b 精灵白（Spirit white）/ c 思南柯（Senanque）/ d，f 费蓝（Ferran）/ e 蓝色调查 / g M 蓝（M Blue）/ h 萨索斯（Thasos）
i 萨特（Salt）/ j 笑美 / k 索菲亚（Sofia）/ l M 桃色 / m 舍夫沙万（Chefchaouen）/ n 不知名品种（YK-LP-2）/ o 桑诺瓦（Sannois）/ p 肖蒙（Chaumont）

# 03 花毛茛
## Ranunculus

| 资料卡 DATA | 科名: 毛茛科 / 原产地: 东欧、南欧、西亚等地 |
| --- | --- |
| | 株高: 30~60cm / 花朵直径: 5~13cm |
| | 上市期: 1月—5月、10月—12月 / 持花天数: 1~2 周 |

花毛茛 "Ranunculus" 源自拉丁语中作 "青蛙" 讲的 "rana"。花毛茛不仅生有形似蛙腿的叶片，且很多品种均在湿地中生长。多数花毛茛为重瓣品种，但原生种却是 5 片花瓣的单瓣品种。花毛茛之所以花瓣丰厚，要归因于雄蕊的花瓣化现象，这使得每朵花的花瓣都多达上百枚。花毛茛从紧闭的花苞舒展出通透美丽的花瓣直至凋谢，生长期全程都散发着勃勃生机。现在的花毛茛不仅花色多彩，花冠也越来越大，今后还会培育出令人期待的球根品种。

花朵可按大小分为 5 个等级 同一品种的花毛茛是根据花朵大小来分类贩售的。花朵直径小于 8cm 的 "思南柯"，小于 9cm 的 "超级（Super）"，大于 9cm 的 "卡尔诺（Carno）"，大于 11cm 的 "罗讷（Rhone）"，大于 13cm 的超大轮 "超级罗讷"。上图品种为 "闪耀（Twinkle）"。

**丰富的花色与花形** **A**：花瓣紧促而个性的摩洛哥系品种伊尔福德（Erfoud）。**B**：花瓣有褶皱、丰厚华丽的粉红色夏洛特。**C**：花瓣向内侧弯卷的萨特。**D**：花瓣华丽且生有花边的精灵玫瑰。**E**：花瓣生有小斑点的奥尔良（Orléans）。**F**：所有品种在开放时花瓣都似凋谢般有趣的品种。**G**：花心向上凸起的巴士底（Bastille）。**H**：花瓣表里双色的思南柯。**I**：馨香宜人的锡伐斯（Sivas）。**J**：花瓣泛有光泽的LUX系列之卫星。

## 打理要点 Point

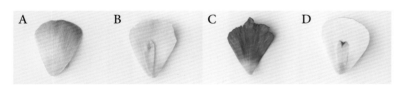

**花瓣的形状与纹样** 除了丰富的花色，花瓣的形状和纹样也堪称千姿百态。**A**、**B**：花瓣表里颜色各异的萨索斯。**C**：花瓣边缘呈褶皱状的橙色夏洛特。**D**：每片花瓣都生有有色小斑点。小斑点随着花朵的绽放也会变得愈发醒目的奥尔良。

**不可缺水** 花毛茛有较强的吸水性。由于茎容易腐烂，所以不要把茎深泡在水里。但又因为花材吸水性好，所以不能缺水。花毛茛的叶片容易干枯，最好把它摘掉。水质变差会让花茎易断，要注意保持清洁。

# 玩赏与制作

## 插花
## Arrangement

## 插花
## Arrangement

花毛茛的花色会从粉红色或杏黄色变成紫色。插上一枝花就能观赏到花色白绿相配的清新淡雅。把花形不同的花摆在一起还能观赏到花容的变化。细长的茎也会带给人一种安心放松的感觉。

花材：8 种花毛茛（笑美、肖蒙、伊德里斯、塞提、蓝色调查等）、蓝盆花（Scabiosa）、欧洲荚蒾

把盛开的大轮白色花毛茛插满纸盒。白绿搭配不仅能让花朵显得高贵典雅，还能突显它清新的气质。用这样的花艺作品做礼物送人，一定能博得对方的欢心。

花材：4 种花毛茛［棉帽子、精灵白、波美侯（Pomerol）、肖蒙］、月季、绒球花（Brunia）、千叶兰（Muehlenbeckia）

# 04
## 铁筷子（圣诞玫瑰）
Christmas rose

a

b

c

## 05

蓝壶花
Muscari

a 葡萄风信子（*Muscari armeniacum*）/ b 蓝色魔法（Blue Magic）/ c 白色魔法（White Magic）　　19

# 04 （铁筷子）圣诞玫瑰
## Christmas rose

| 资料卡 DATA | 科名：毛茛科 / 原产地：欧洲地中海沿岸、亚洲西南部地区 |
| --- | --- |
| | 株高：10~60cm / 花朵直径：3~6cm |
| | 上市期：1月—6月、10月—12月 / 持花天数：10~15 天 |

圣诞节时绽放的白色单瓣"暗叶铁筷子（*Helleborus niger*）"是铁筷子广为人知的原生种。现在，日本人把同为铁筷子属的所有花卉统称为铁筷子。虽然园艺爱好者通过努力培育出了很多新品种，但花材中较为常见的是名为"东方铁筷子（*Helleborus orientalis*）"的园艺品种和原生种臭铁筷子（*Helleborus foetidas*）。铁筷子是在明治时期从欧洲传到日本的舶来品。花朵俯首绽放时那"一低头的温柔"让它在茶室中拥有了一席之地。

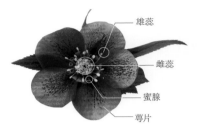
<small>雄蕊</small>
<small>雌蕊</small>
<small>蜜腺</small>
<small>萼片</small>

**铁筷子的花瓣其实是萼片** 看似花瓣的部分其实是萼片。真正的花瓣已经退化成了蜜腺。授粉后雄蕊和雌蕊就会渐次凋落。萼片会褪色却不会凋落。

**引人注目的花色与纹样** 铁筷子柔和而绝妙的花色给人一种别样的审美体验。**A**：无花纹、花色清新，嫩绿色的重瓣品种。**B**：在花园中剪取的粉红霜（Pink Frost），其茎部为茶色，看起来很是古朴典雅。**C**：绿色花瓣上的花纹十分丰富，生有大斑点，重瓣品种（左）；生有小斑点的粉红色单瓣品种（右）。**D**：花形如钟的臭铁筷子，其植株非常修长。

**花色的变化** 买一枝多头铁筷子，就能看到它在不同阶段呈现出的不同花色。图片中的花材在授粉后，其花瓣就从绿色逐渐变成了白色。上图中还有散落了雌蕊的花朵。

## 打理要点 Point

**让花材在 40~42℃的温水中吸水** 修剪花茎后，要把它立即浸泡在 40~42℃ 的温水中，直至温水自然冷却。之后才能用它去做花艺作品。如果后期花朵萎蔫，还可以用同样的方法使之复原。

**制作押花** 用手心轻柔地抚平花朵，把它夹在纸巾间，再用报纸夹上一周。每晚换一张纸巾，小心调整花形，可把作品处理得更加美观精致。

# 05 蓝壶花
## Muscari

| 资料卡 DATA | 科名：百合科 / 别名：蓝瓶花 / 原产地：地中海沿岸、亚洲西南部地区 |
| --- | --- |
| | 株高：10~30cm / 花穗：长 3~6cm |
| | 上市期：1 月—4 月、12 月 / 持花天数：约 5 天 |

　　蓝壶花有一股麝香般的芬芳香气，但并不像麝香那么强烈，只有靠近时才能闻到。由于其青紫色的小花成串绽放且形似葡萄，所以人们也统称其为葡萄风信子。春季开花的球根花卉中，只有此花花色青紫，所以是非常珍贵的花材。一枝花看上去有些势单力薄，但一捧花束就十分惹眼醒目了。如果用带有球根的植株装扮房间，那么就要把球根装在透明的玻璃罐中。土培的蓝壶花要到次年才会开花。

**纤细的花叶**　蓝壶花也有花色粉红的品种。其细长的叶片与花穗间保持的平衡感非常有趣。花市上既有球根品种，也有适合盆栽观赏的品种。可根据个人需要进行选购。

A　　　　　　　B　　　　　　　C

**适合做切花的常见品种**　花为青色、紫色的蓝壶花是常见品种。青色系又分为深浅两类品种。**A**：深蓝色的蓝壶花最有人气，植株修长。**B**：淡蓝色清爽的蓝色魔法常以球根整株状态出售。**C**：白亮清纯的白色魔法也以球根整株状态出售。

## 打理要点 Point

**花朵俯首绽放**　逆生的葡萄状花穗十分可爱，且生有密集的小花。花朵是从下往上依次绽放的，因此花苞生在花穗顶部。

**种子呈心形**　地栽时，如果任由花朵抱香枝头老，花房上就会结出一串心形的种子。随着时间的推移，种子的数量也会增加。

**水要少加勤换**　蓝壶花吸水性较好。由于花茎易烂，所以水要少加勤换。无论单枝观赏还是与其他花材搭配组合，只要把同色系的花材摆放在一起，就能让花朵散发魅力。

a

b

c

d

e

f

g

h

06

郁金香
Tulip

i

j

k

l

m

n

o

a 杰奎琳（Jacqueline）/ b 巴巴多斯（Barbados）/ c 法国之光（Ile de France）/ d 范特西小姐（Fantasy Lady）
e 光斑（Flash Point）/ f 王朝（Dynasty）/ g 豪斯登堡（Huis Ten Bosch）/ h 杨贵妃 / i 黄粉双色韦伯的鹦鹉（Weber's Parrot Yellowpink）
j 重瓣小黑人（Negrita Double）/ k 白色山谷（White Valley）/ l 蒙特·卡洛（Monte Carlo）/ m 重金（Double Price）
n 红粉佳人（Blushing Beauty）/ o 蒙特橙（Monte Orange）/ p 夏特（Chato）/ q 堇花黑底郁金香（Violacea Black Base）/ r 面对面（Tete-a-tete）

# 06 郁金香
## Tulip

资料卡 DATA　　科名：百合科 / 原产地：中亚和北非地区

株高：20~50cm / 花筒长度：3~8cm

上市期：1月—4月、11月—12月 / 持花天数：5~7天

郁金香是具有代表性的春季球根花卉。郁金香每年都会有新品种问世，现有品种已经超过了5000种。由于郁金香形似印度头巾，所以其花名也是从"缠头巾（turban）"变形而来的。17世纪被称为"疯狂的郁金香时代"。当时，以荷兰为中心引爆的欧洲郁金香热潮让郁金香收割了大量的粉丝。同时，人们也经过品种改良，培育出了花形各异的郁金香。现在，世界上郁金香的第一产地依然是荷兰，第二产地是日本的富山地区。

**5种主流花形**　**A**：花瓣丰厚的重瓣品种——范特西小姐。**B**：花瓣如鹦鹉羽毛般的鹦鹉型品种——韦伯的鹦鹉。**C**：细长的花瓣边缘尖锐并向外侧翻卷，绽放时形如百合的百合型品种——杰奎琳。**D**：花瓣带齿、边缘裂开，绽放时生有毛刺的豪斯登堡。**E**：一直以来都是6片单瓣花瓣的莫林（Maureen）。

**花朵的构造**　郁金香多生有6片花瓣，外侧的三片花瓣是由萼片演变而来的。1枚粗壮的雌蕊被6枚雄蕊包围着。花朵底部的颜色与花粉、花瓣的颜色不同。花朵绽放时花色的变化过程也很有观赏价值。

清晨的郁金香

白天的郁金香

**花朵的感光现象**　郁金香的花朵在清晨紧闭，并会随着太阳的升高而徐徐绽开，最终在日落时再次闭合。可见花朵能够感受到光和温度的变化。随着时间的流逝，花朵的闭合度会越来越低，直至褪色凋零。由于郁金香具有较强的向光性，所以花朵朝向和花茎弯曲状态都会追随阳光而发生变化。

## 打理要点 Point

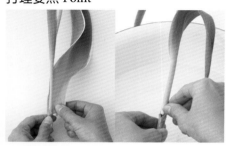

1　2

**摘除叶片的方法**　撕扯多余的叶片有可能会伤及花茎，要将拇指的指肚贴在叶片根部，边按压边摘除（左）。下叶和花茎间的土也可以用水冲洗掉（右）。

**巧用叶片**　郁金香有较好的吸水性。修剪叶片后，花茎还会生长。美丽的叶片也可以作为花材使用。为遮掩切口，可在叶片的正上方进行剪切（1），再把叶片卷起来，将叶尖插进容器边缘（2）。这种简单的操作能让作品看上去更有档次。

**打理球根**　用小刀在球根上划一道切口，能够提升球根的吸水性，让花开得更加持久。把球根放置在浅水中即可。

## 玩赏与制作

### 插花
### Arrangement

### 插花
### Arrangement

用形态各异的郁金香组合而成的作品。可以将不同颜色的郁金香随性地搭配在一起。紫色和橘黄色花朵搭配会非常艳丽。花茎前垂的姿态也非常优雅。

花材：6种郁金香［重金、重瓣小黑人、暗夜帝王（Black Hero）、蒙特橙、虎鲸（Orca）、黄粉双色韦伯的鹦鹉］、翠雀（Delphinium）

可利用形如百合的杨贵妃等株姿优美的郁金香创作作品。将之插入高花瓶，并使之聚拢在一处，就可以让作品整体呈现出清新简约的风格。

花材：2种郁金香（杨贵妃和豪斯登堡）

# 07
## 樱花
Japanese cherry

启翁樱

a 横滨绯樱 / b 松前红丰樱 / c 关山樱（寒山樱）

# 07 樱花
## Japanese cherry

| 资料卡 DATA | 科名：蔷薇科 / 原产地：日本、中国 |
| --- | --- |
| | 枝长：80~200cm / 花朵直径：2~8cm |
| | 上市期：1月—4月、12月 / 持花天数：5~7天 |

　　春季，日本列岛由南向北依次上演的"樱前线"的主流品种是东京樱花（*Cerasus yedoensis*）。明治时期以井喷般态势普及开来的东京樱花虽然是赏樱季的主角，但还有200多种樱花园艺品种也会与之同台争艳。此外，日本山野中还有10种野生品种也能告知人们春天的到来。樱花的花枝可做切花观赏。花店一般会从年末开始就提前供应不同品种的樱花花材，其次序为启翁樱、东京樱花、八重樱。可选购花朵半开的花枝，以便延长赏花的时间。花谢之后还能观赏叶子。

**花朵构造**　樱花多为单瓣的，由5片花瓣、1枚雌蕊和众多雄蕊组成。

**用作切花的主要品种**　最先上市的花材多为单瓣品种。3月下旬起重瓣品种才会上市。A：农历正月观赏的启翁樱。B：日本静冈县河津町悄然绽放的河津樱（*Cerasus × kanzakura 'Kawazu-zakura'*），图为春季早开的深粉色品种。C：奈良樱花胜地吉野出产的东京樱花。D：春分前后绽放的彼岸樱。E：花瓣边缘颜色深重的松前红丰樱，花朵大，重瓣。F：花色深重的重瓣横滨绯樱，原产自日本横滨。G：重瓣樱花的代表品种——关山樱，花色深红，花朵与茶色的新叶同时生长。

**从萌芽到绽放**　樱花的花芽是茶色的。叶片是由与花芽相似的叶芽萌生而来的。花叶均为夏季生长，但却以饱满的茶色冬芽状态过冬。

## 打理要点 Point

**在花枝根部剪几道切口**　樱花的吸水性较好。在花枝根部剪开若干切口，可通过拓宽裂口增加花枝的吸水面积。操作时应使用专门剪枝用的园艺剪刀。

**造型花枝**　弯折花枝，使之更具动感。应根据设想的造型进行操作。但不要强行弯折较为粗大的花枝。

表面　　　里面

**确认表里**　装扮时要把花枝靓丽美观的一面设为"表面"（即花朵的向阳面、富有自然美的一面），而花朵的背面则可设为"里面"。

# 玩赏与制作

## 插花
## Arrangement

## 插花
## Arrangement

硕大密集的重瓣花朵像手鞠球一样华美。浮在水面的一朵花，仿佛飘散在春风里的花瓣，具有较高的观赏价值。请注意赏花时节的设计风格。

花材：樱花（松前红丰樱）

图中为被盛开的花朵压弯枝条的河津樱。把大花枝插在粗大简约的花瓶中，就能感受到樱花充满野趣的生命力了。此花的美艳只能在早春时节观赏到。

花材：樱花（河津樱）

## 08
### 勿忘草
Forget-me-not

09
大花四照花
Flowering dogwood

# 08 勿忘草
## Forget-me-not

| 资料卡 DATA | 科名：紫草科 / 原产地：欧洲、亚洲 |
| --- | --- |
| | 株高：40~50cm / 花朵直径：约 8mm |
| | 上市期：1月—6月 / 持花天数：5天左右 |

　　绽放着澄澈的蓝色小花的勿忘草是春季的草本花卉。据说，它的花名源自一个凄美的爱情故事。有个为心爱的姑娘摘取此花的小伙子失足落入了多瑙河。他被湍急的河水冲走时的遗言就是"不要忘了我"。因此，此花的英文名为"Forget-me-not"。除了常见的蓝色花朵，勿忘草还有粉红色、白色、紫色等花色。世界上有 50 多种勿忘草。此花多以花苗状态出售，现在市面上也有高株品种，该品种可做切花出售。勿忘草的花期在 4 月—5 月，日本花市出售的多为国产品种。

**变化的花色**　直径约 8mm 的小花紧促地绽放着。花朵澄澈的蓝色也可以依照深浅分出级别。图片中的花色为水蓝色。花开之后，花色会渐变成粉红色。花心黄色的花纹和蓝色的花瓣相映成趣，更能突显整体的美感。

### 小知识

生长在湿地、河边的勿忘草一直以来就因其象征着友谊和忠诚而广受欧美人喜爱。在中世纪的德国，人们相信"蓝色的花朵蕴藏着神秘的力量"。直到今天，人们给仙逝的友人扫墓时还是会送上一束勿忘草。瑞士人认为，只要把勿忘草装进裤兜去见心上人，就一定会被对方喜欢。可见勿忘草有着多么强烈的恋爱魔力啊！

**勿忘草的近亲**　倒提壶（*Cynoglossum amabile*）是勿忘草的近亲。除了图片上的白色品种，还有蓝色、粉红色等品种。盆栽和地栽的倒提壶都可以做切花使用。其叶片比勿忘草更为袖珍精致。

## 打理要点 Point

**修整叶片**　勿忘草又大又密的叶片难免会抢去小而精美的花朵的风头。为此，可对叶片进行适度修整，剪去浸在水中的下叶。

**处理花材**　勿忘草的吸水性较好。应用报纸把买到的花包好，剪去花茎末端后，将之在深水中浸泡一两个小时。花材一旦缺水就会枯萎，应在花瓶中多加水。也可以在水中加入切花营养剂。因为水中易滋生细菌，所以要经常换水。一枝花也能把房间装扮得很美丽。

# 09 大花四照花
## Flowering dogwood

| 资料卡 DATA | 科名：山茱萸科 / 别名：狗木 / 原产地：北美洲 |
| --- | --- |
| | 枝长：100~200cm / 花朵直径：8~10cm |
| | 上市期：3 月—6 月 / 持花天数：4~7 天 |

大花四照花的花朵十分美丽，它是路旁和公园里的常见花树。五一黄金周前后，白色、粉红色的花朵就会在枝头欣欣向荣地灿然绽放。大花四照花是落叶树，其红色的秋叶和果实也有观赏价值。只有处于花期的大花四照花花枝才能用作花材。1912 年，东京赠送过华盛顿一棵樱花树。作为还礼，美国也回赠了日本一棵大花四照花。因此，象征着日美友谊的大花四照花也从此闻名日本。所以，大花四照花的花语是"礼尚往来"。

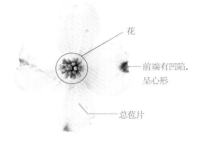

花

前端有凹陷，呈心形

总苞片

**花朵构造** 看似花瓣的部分其实是总苞片，是由叶片演变而来的。中心黄绿色的块状物是 15~20 朵小花的集合体。总苞片会紧紧地包裹处于花苞状态的花朵。

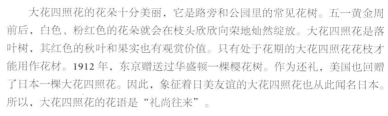

**2 种花色** 花市上出售的是花色为粉红色和白色的大花四照花花枝，且枝头花朵已然开放。购买生有绿色花苞的花枝则观赏期会更为长久。

**结花独特** 花朵会在树梢向上开放。做花材时，把树枝倾斜过来就能看到花朵。

## 打理要点 Point

**在花枝根部剪几道切口** 大花四照花的吸水性较好，不耐干燥。在花枝根部剪开若干切口，可通过拓宽裂口增加花枝的吸水面积。操作时应使用专门剪枝用的园艺剪刀。

**根据花瓶剪切花枝** 根据花瓶的高度剪掉花枝的枝杈。剪掉的小枝也可以插在小瓶子里做装饰。

**花材处理** 大花四照花叶片不大，枝条也很美丽，所以适合用来装扮房间。用剪刀剪掉浸在水中的多余树枝和下叶。可在瓶中多加水，以保证花材水源充足。

# 10
## 木茼蒿
### Marguerite

日本本地品种（白色）

a 梦幻小姐（Dream Lady）/ b 梦幻阳伞（Dream Parasol）/ c 梦幻粉（Dream Pink）
d 梦幻红眼睛（Dream Red Eye）/ e 塞布丽娜（Sabrina）/ f 梦幻脂鲤（Dream Tetra）/ g 黄色潜艇（Yellow Submarine）

# 10 木茼蒿
## Marguerite

| 资料卡 DATA | 科名：菊科 / 原产地：加那利群岛 |
| --- | --- |
| | 株高：50~60cm / 花朵直径：3~6cm / 上市期：1月—5月、11月—12月 |
| | 持花天数：5~10 天 |

　　木茼蒿的花名源于希腊语的"margarite"，意为"珍珠"。17世纪末，法国人对木茼蒿进行了改良，并更名为"巴黎雏菊（Paris Daisy）"。木茼蒿是在明治时期来到日本的，不久人们就用它来装饰花坛和庭院。木茼蒿也因此成为家喻户晓的名花。木茼蒿的代表品种是花色洁白清纯的单瓣品种。随着粉红色、橙色、黄色以及重瓣品种的增加，木茼蒿也成了切花的主力军。

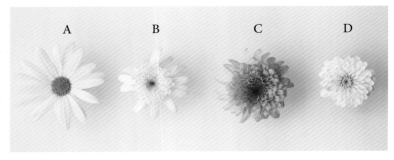

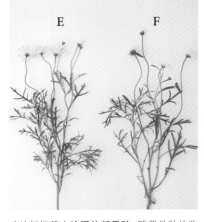

**花形与花色** 木茼蒿花色丰富、形态各异、品种繁多。**A**：日本本地品种是最为常见的白色单瓣品种。**B**：这是花形如"丁"字，黄色的花蕊和白色的花瓣交相辉映的黄色潜艇。**C**：花形如"丁"字，粉红色的花色令人印象深刻的梦幻阳伞。**D**：这是花瓣厚重蓬松的球形重瓣品种。图中为洁白可爱、人气爆棚的梦幻脂鲤。

**叶片纤细惹人怜爱的新品种** 随着品种的改良，花市上出现了叶片纤细、数量极少的木茼蒿新品种。叶片在风中招展的样子让植株魅力倍增。**E**：粉红色单瓣品种梦幻粉。**F**：白色重瓣品种梦幻脂鲤。

**形似茼蒿的繁茂叶片** 木茼蒿叶片繁茂，花朵较少，插花时为了让花朵看上去更加显眼可爱，可根据下列要领修整叶片。最近，花市上还有花朵簇生绽放的品种和更适合作为花材应用的品种。

## 打理要点 Point

**摘除黑色的花苞** 花市上出售的都是枝条上生有若干花苞的花材。黑色的花苞不会开花，装扮时又十分扎眼，要事先将其摘除。

**疏剪过多的叶片** 为突显花朵的魅力，要剪掉过多的叶片。再根据花瓶形状剪去杂枝，以方便插花。摘除浸泡在水中的叶片。

**恢复花朵活力的方法** 木茼蒿的吸水性较好，其茎叶容易缺水。如果花材发蔫，可用报纸将之包好，在水中剪去花茎末端并在深水中浸泡一两个小时。这样就能让花材恢复活力。

### 插花
### Arrangement

木茼蒿单瓣的白色小花虽然简单柔弱，却能让人感受到大地强大的生命力。它能让人联想起儿时编织的花冠，也可以将之放在心爱的铁皮盒子中。这样，打开盒盖，满满的幸福感就会扑面而来。

*花材：2 种木茼蒿［塞布丽娜、日本本地品种（白色）］*

## 玩赏与制作

### 插花
### Arrangement

蓬松地开放在奢华的茎上，色彩搭配十分柔和的木茼蒿。将之与其他春花放在布口袋里，就能制造出一份来自原野的天然风情。

*花材：6 种木茼蒿（梦幻红眼睛、梦幻脂鲤、黄色潜艇、梦幻阳伞、梦幻小姐、梦幻粉），2 种大阿米芹［白色大阿米芹、波尔多（Bordeaux）］、羽扇豆*

# 11
丁香
Lilac

# 11 丁香
## Lilac

资料卡 DATA　科名：木犀科 / 别名：莉拉
原产地：东欧、西亚等地 / 枝长：50~100cm / 花序长：10~20cm
上市期：全年 4 月—6 月（国产品种）/ 持花天数：5~7 天

　　丁香树枝头上蓬松地绽放着紫、粉红、白等花色的小花，散发着迷人的香气。这些小花能制成香水。法国人称丁香为"lilas"，他们非常喜欢这香气扑鼻的报春花。之所以称之为"lilas（淡紫色的）"，是因为它的花色近似紫藤色。丁香于明治时期传入日本，不久就以北海道为中心向四周扩散。每年 5 月下旬，札幌都要举办热热闹闹的丁香花节。能开花的花苞颜色较深。丁香的花语因花色而异，紫色花朵代表"初恋"，白色花朵代表"青春之喜"。

**花形与大小**　不同品种的丁香花形状各异，大小有别。**I**：圆形重瓣的粉红色品种，花朵直径约为 1.5cm。**J**：圆形单瓣的粉色品种，花朵直径约为 2cm。**K**：花瓣小巧纤长的小叶巧玲花，花朵直径约为 1cm。

**5 月上市的花材**　花期时，日本花市上出售的品种非常丰富。**A**：花色深紫、单瓣大轮的紫色丁香，外来品种。**B**：花瓣粉红可爱的"少女的娇羞（Maiden's blush）"，外来品种。**C**：青紫色经典的蓝色丁香，日本品种。**D**：圆锥形大花序的粉红色丁香，日本品种。**E**：美丽的白色单瓣的白色丁香，日本品种。**F**：淡紫粉色的重瓣粉红色丁香。日本品种。**G**：中国原产的小叶巧玲花 ⊖。**H**：D 的升级版。仔细观察可知，花枝上生长的是十字形筒状的小花。

**不开放的花苞**　枝头紧紧闭合的花苞大多不会开放。花苞的颜色深重，会成为装扮时的增色点。

## 打理要点 Point

**在花材根部剪几道切口**　丁香的吸水性较差。由于花枝容易缺水，可在花枝根部剪开若干切口，可通过拓宽裂口增加花枝的吸水面积。操作时应使用专门剪枝用的园艺剪刀。

**可加入切花营养剂**　切花营养剂可以延长切花天数。先在花瓶中加保鲜剂，再加水，这样效果更好。要在花瓶中多加点水。

**日本品种和他国品种**　4 月—6 月是日本产丁香的花期。届时，花市会出售生有叶片的花材，其香气也很好（左）。全年出售的花枝来自荷兰（右）。

　　⊖ 也叫四季丁香，拉丁学名为 *Syringa pubescens* subsp. *microphylla*，以自然标本馆网站为准。

玩赏与制作

### 插花
### Arrangement

将白色和紫色的丁香一起插入布口袋就能制作
出如图所示的效果。花枝要插在盛水的塑料瓶
中才不会枯萎。可将之挂在墙上观赏。

花材：2 种丁香（白色丁香、蓝色丁香）

### 插花
### Arrangement

盛放的丁香十分美艳动人，在玻璃罐中满满地插上一瓶，
一定能让人感受到花的生机与美丽。初夏阳光勾勒出的花
影，香气飘飘的美景一定会让您心动不已。

花材：3 种丁香（紫色丁香、小叶巧玲花、少女的娇羞）

# 12
## 大阿米芹
Queen Anne's lace

绿雾（Green Mist）

a

b

**13**

翠雀（飞燕草）
Delphinium

c

d

e

# 12 大阿米芹
## Queen Anne's lace

| 资料卡 DATA | 科名：伞形科 / 别名：蕾丝花 |
| --- | --- |
| | 原产地：地中海地区 / 株高：30~80cm |
| | 花序直径：10~15cm / 上市期：全年 / 持花天数：5~7 天 |

簇生的小花围成了一个直径 2cm 的小花序。呈放射状生长的 40 朵小花看上去很像纤细的蕾丝花边。虽然大阿米芹是伞形科植物，但却有别于原产于澳大利亚的浅蓝色或浅粉色的翠珠花（*Trachymene coerulea*）。花市上出售的除了白色和茶色的，还有染色和用金银箔片织物修饰的各种大阿米芹花材。由于此花酷似生有剧毒的毒芹（*Cicuta virosa*），所以被日本人称为"假毒芹"。当然，大阿米芹是无毒的。

**近距离观察花朵** 若干白色的小花聚成了一只直径约 2cm 的小花序。若干小花序呈放射状分散，形成了直径为 10~15cm 的大花序。

**花朵的变化** 购入的绿雾在花苞时会呈现绿色（左）。一周后，花苞就会全部绽放，白色的花朵会十分显眼（右）。

**常见品种** 最常见的大阿米芹花是白色的小花。此外，也有花朵稍带绿色和茶色的品种。**A**：花色洁白、气质清纯的白蕾丝（White Lace）。一直以来就是广为人知的品种。**B**：花色近似酒红色，经典的茶色大阿米芹波尔多。**C**：花色微绿、清爽宜人的绿雾。**D**：牛奶可可色的大阿米芹暗夜（Black Night）。

一周后

## 打理要点 Point

**用报纸包裹，插在深水中** 大阿米芹的吸水性较好，但容易缺水。可用报纸将花材包好，待水分蒸发掉，再将之浸泡在深水中使其充分吸水。这样就能让花朵开放得更持久。

**先剪切再应用** 由于大阿米芹的花序呈放射状，可以剪去其分枝以便后期应用。花序蓬松而轻盈，像蕾丝花边般的姿态很有观赏价值。

**花瓣易落** 由于花瓣易落，装扮房间时要注意摆放的位置。掉落的花瓣可用透明胶粘走，这样便于清扫。

# 13 翠雀（飞燕草）
## Delphinium

**花朵构造** 看似花瓣的部分其实是萼片肥大化的产物。真正的花瓣在花朵中心。花朵后方的部分就是"距"，它是萼筒一边向外延伸的部分。也有不生花瓣和距的翠雀。

花瓣

萼片　　距

资料卡 DATA　科名：毛茛科 / 原产地：欧洲、亚洲、北美洲、非洲
株高：70～200cm / 花朵直径：3～8cm
上市期：全年 / 持花天数：5～10天

　　颀长的花序上生长着无数蓝青色小花的翠雀给人一种清爽的印象。清澈的水蓝色、浓重的深蓝色、深浅不一的蓝色花朵是翠雀的最大亮点。此外，翠雀还有白、粉红、黄等花色。翠雀中含有名为花色素的蓝色素，它可以用来制作蓝玫瑰。由于翠雀的花苞和距的部分很像海豚的尾巴，所以此花的希腊语花名意为"海豚"。这种花姿在英语中被称为"云雀"，日语中则称为"燕子"。

A　　B　　C

**重瓣品种** 花茎修长、花序充满质感是重瓣品种的一大看点。翠雀的花色虽然以蓝色为主，但也有粉红色和白色的花朵。**D**：水蓝色的大轮品种克莱斯浅蓝。**E**：深蓝色大轮品种极光蓝。

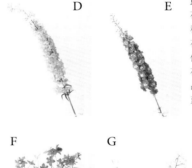

D　　E

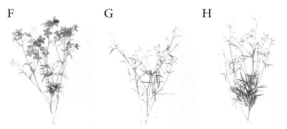

F　　G　　H

**常见品种** 华丽且富有存在感的重瓣品种（A），营养型的颠茄（*Atropa belladonna*）型品种（B），花朵绽放形似喷雾的翠雀（*Delphinium grandiflorum*）型品种（C）。
**A**：纤细的花茎上生满密集的重瓣花朵的"丁香蜡烛（Lilac Candle）"。**B**：缀满花朵的细茎品种球冠（Ball Crest）。**C**：开满喷雾状小花的白金蓝。

**翠雀型品种** 枝条上方喷雾状昂首挺立的单瓣小花（萼片）轻盈而灵动。
**F**：花色如同海水般深蓝的碧海蓝天（Grand Blue）。**G**：可爱的淡粉。
**H**：清纯洁净的白精灵。

重瓣品种

颠茄型品种

翠雀型品种

**花朵（萼片）大小** 重瓣品种（图中为极光蓝）的花朵相对较大，大的花朵直径为6cm，小的直径为4cm。颠茄型品种球冠花朵直径为5.5cm。翠雀型品种的碧海蓝天花朵直径较短，只有4.5cm。

## 打理要点 Point

**购入后将之浸在深水中** 翠雀的吸水性较好。购入后应立即用报纸将之包好，并在深水中浸泡2h，以便延长花材寿命。

**重瓣品种的应用要领** 剪去多余的花茎，以便让花材整体看起来更加秀美艳丽。摘除浸在水中的花朵（萼片）会更便于打理。摘取下来的花朵可以盛放在水碗中观赏。

**翠雀型品种的应用要领** 把剪切开的1枝花材插在玻璃瓶中，蓬松感会突显花朵的美丽。瓶里的水不要加太多。

a

b

# 14
## 英国月季
### English rose

c

d

e

a，f 特洛伊罗斯（Troilus）/ b，j 格拉密斯城堡（Glamis Castle）/ c，l 安布里奇（Ambridge Rose）/ d 黑影夫人（The Dark Lady）
e，g 安尼克城堡（The Alnwick Rose）/ h 圣塞西莉亚（St. Cecilia）/ i 王子（The Prince）/ k 莫林纽克斯 (Molineux)

f

g

j

h

i

k

l

# 14 英国月季
## English rose

资料卡 DATA　　科名：蔷薇科 / 原产地：英国 / 枝长：30~50cm / 花朵直径：6~8cm
上市期：全年 / 持花天数：3~7 天

　　兼具古典月季美丽的花形和迷人的芬芳，以及现代月季四季开花、花色丰富等特征的英国月季是深得花友喜爱的新式月季。此花的问世要归功于英国育种家大卫·奥斯汀（David Austin）。英国月季的 1 号种康斯坦斯·斯普莱（Constance Spry）是于 1961 年问世的。此后，每年都有新品种诞生，切花品种也随之日渐丰富。多数英国月季都有上百片花瓣，纤细柔软的花枝很是有趣，花枝被沉重的花头压弯的样子也很是风雅。

**主要品种与花形**　英国月季花形多样，较为常见的是绽放的花朵如杯状的品种，和花瓣丰厚螺旋状绽放的品种。花朵的平均直径为6~8cm，花冠较大。**A**：螺旋状绽放，花色紫红，令人印象深刻且有古典月季芳香的黑影夫人。**B**：杯状绽放、气味香甜、珊瑚色的安尼克城堡。**C**：杯状绽放、味如没药、花色为细腻紫藤色的丁香月季（Lilac Rose）。**D**：杯状绽放、味如没药、粉红通透的巴斯夫人（The Wife of Bath）。**E**：中轮、喷雾状绽放、味如没药、米色的白菲儿（Fair Bianca）。

**F**：杏色的安布里奇，最初为杯形绽放，后期会变成螺旋状绽放，香如没药。**G**：花色深红醒目的王子，最初为杯形绽放，后期会变成螺旋状绽放，散发着古典月季的芳香。**H**：特洛伊罗斯在开花后会逐渐变白。最初为杯形绽放，后期会变成螺旋状绽放，气味清爽。**I**：色泽明媚的黄色莫林纽克斯，螺旋状绽放，味似茶香。**J**：花色洁白的格拉密斯城堡，花茎上生满细小的刺，螺旋状绽放，味如没药。

**花形梦幻而多变**　英国月季的特征是，随着花朵的绽放，花冠会越来越大。图中为安布里奇。左起依次为此花的花苞、三分开放、七分开放、盛放等各阶段花姿。有些品种的花形与之略有不同。

## 打理要点 Point

**用剪刀剪去刺**　剪去刺和浸在水中的叶片。英国月季的吸水性很好，但由于它容易缺失水分，应先使其吸足水分之后再做花材。可以将之浸泡在深水中（方法见 44 页）。

**制作干花**　把花材悬挂起来就能制成美丽的干花。把盛开的花朵吊起来能做出更美丽的干花。白花或浅色花朵会渐变成茶色，深色花朵风干后会更好看。

## 玩赏与制作

### 花束
### Bouquet

### 插花
### Arrangement

上图中为用充满野趣的英国月季、庭栽芳香植物和草本花卉捆在一起的香气迷人、配色优雅的花束。可以从花店里挑选几枝花来取悦自己，再把它们自然地捆在一起。这样就能在寻常的日子里感受到鲜花带给我们的幸福感。这样的花束随时随地都可以制作出来。

*花材：3 种英国月季（特洛伊罗斯、安布里奇、丁香月季）波斯菊、蓝盆花、母菊、果材（Shine Berry）、棉毛水苏（Stachys byzantina）、罗勒*

图中为几经修剪最终只剩花夹的英国月季。可将花材放在盛水的白盘子里，以便观赏整个花期。在每只盘子里摆上一两朵花，把盘子摆在餐桌和玄关。盛开的花朵可以制作百花香⊖，这样就能长期享受它的芬芳了。

*花材：7 种英国月季（格拉密斯城堡、莫林纽克斯、王子、特洛伊罗斯、安布里奇、圣塞西莉亚、白菲儿）*

---

⊖ 室内用香，干花与叶子等的混合物。

a

b

# 15
## 芍药
Peony

　a 三礼加 / b 宇宙之星（Universal Star）

c 富士 / d 莎拉·伯恩哈特（Sarah Bernhardt）/ e 中野 1 号 / f，j 浓妆 / g 罗斯福（Roosevelt）/ h 斯嘉丽（Scarlett）/ i 魅力珊瑚（Coral Charm）

# 15 芍药
## Peony

| 资料卡 DATA | 科名：芍药科 / 英文名：Peony、Chinese peony |
| --- | --- |
| | 原产地：中国、蒙古、朝鲜半岛 / 株高：50~100cm |
| | 花朵直径：10~15cm / 上市期：4月—7月 / 持花天数：5~7天 |

　　比拟美人的句子"站如芍药"中的芍药是高贵华丽的大轮花。其实，芍药最初是作为药材被引入日本的。西方人称之为"圣母玫瑰"。单瓣大花冠的品种符合日本人的审美，花色丰富、重瓣艳丽的品种更是能让人体验到西洋花卉的异域风情。长野县中野市是日本芍药的第一产地。芍药不仅有红、粉红、紫红、白、黄等各种花色，还有单瓣、重瓣、半重瓣等各种花形。

**各种各样的重瓣品种**　**A**：华丽馨香的莎拉·伯恩哈特（Sarah Bernhardt）。花名来自法国著名女演员，呈半玫瑰花形。**B**：日本中野市自培品种，中野1号，花瓣外大内小，翁式花形（雄蕊花瓣化，但没有完全进化成重瓣）。**C**：淡粉色高雅的泷妆，呈半玫瑰花形。**D**：能够看到黄色花心的魅力珊瑚，呈半重瓣花形。**E**：日本中野市自培品种，宇宙之星，花形如冠。

**3种主要花形**　重瓣品种的主要花形有：**F**，所有花瓣均等开放，花形像大轮月季的罗斯福；**G**，花中有花，花形如冠的斯嘉丽；**H**，花瓣众多、中部形如手鞠球般浑圆的三礼加。

**芍药的"侧颜杀"**　芍药的一枝花茎虽然能生长出数朵花苞，但人们为了保证花朵的硕大华美，一般会留取一朵花苞进行培育、出售。芍药的叶片也很有存在感，生长得十分茂盛。

**惊艳的绽放过程**　浑圆的花苞会逐渐长大，绽放过程十分美妙浪漫。经过三四天，芍药就会完全盛开。花瓣片片凋零的样态也十分风雅。图中为邦克山（Bunker Hill）。

## 打理要点 Point

**修整多余的叶片**　叶片过多会造成植株水分蒸发过快，可以剪掉多余的叶片。可一次性剪掉一半叶片，再在水中剪掉花茎，让花材充分吸水。

**让花苞绽放的要领**　花店出售的多为生有花苞的花材。花苞顶端有糊状的花蜜，可用拧干的湿毛巾拭去花蜜，这样有利于花苞开放。

**花冠装扮的要领**　可用盛开后将要凋谢的花冠做装饰。分开花与叶，把花朵搭在水碗边缘，在考虑整体平衡感的前提下插入叶片（注意，叶片离开花茎后会枯萎）。

**制作干花**　把用纸包好的花材用绳子系住，将之放在通风好、日照足的位置，一周后就能得到干花。深色花材制成干花会更好看。制作时，要给每枝花材单独包装。

应季的树枝和一朵芍药就能营造出清爽的日式风情。
让树枝大幅度地向左侧伸展，花朵也要靠向左边。

花材：芍药（罗斯福）、小紫茎（*Stewartia monadelpha*）

## 玩赏与制作　　插花
Arrangement

用于装饰西式风格房间的怀旧芍药花艺作品。
在一只简单透明的玻璃罐里插入一枝杏色的魅
力珊瑚芍药做主角，再为之配上各色野花做衬
托。这样主次分明的作品就做好了。

花材：4种芍药（魅力珊瑚、莎拉·伯恩哈特、泷妆、宇
宙之星）、松田山梅花（*Philadelphus satsumi*）、欧洲荚蒾、
2种铁线莲

# 16

铃兰

Lily of the valley

**17**
松田山梅花
Mock orange

# 16 铃兰
## Lily of the valley

资料卡 DATA　　科名：百合科 / 原产地：欧洲、亚洲、北美洲

株高：10~30cm / 花朵直径：约 1cm

上市期：1 月—7 月、10 月—12 月 / 持花天数：3~5 天

　　铃兰成串生长的小白铃一样的花朵清纯可爱。铃兰香气宜人，可用作香水原料。法国人称其为"muguet（铃兰）"。5 月 1 日是法国的"铃兰节"，法国人会把铃兰送给最重要的人，并为之祝福。能够带给人幸运的铃兰在婚礼上也很受人们欢迎。日本以北海道为中心的列岛也有野生铃兰，但市面上出售的花材都是原产自欧洲的德国铃兰改良品种，即花茎长、花朵大的那种。

**铃兰多为连根出售**　铃兰的花朵虽然小巧可爱，但为了茁壮成长，其地下的根却粗得惊人。有根铃兰的花朵才能常开不败。铃兰的花与根都有毒，不要误饮花瓶里的水。铃兰是宿根植物，将之栽种在土里，次年就会开花。

**花形**　铃兰的一枝花茎上生有众多小花。小花会从下向上依次绽放，下方花朵会逐渐变成茶色并凋零，但上方花朵却依然处于含苞待放的状态。

**切花花材**　5 月是无根铃兰的交易旺季。铃兰的花茎易断，要轻拿轻放。日本市面上的花材都是日本的国产品种，其中叶色深重的花材是上等佳品。

## 打理要点 Point

**分离花与叶**　铃兰的吸水性很好。铃兰花大多会被叶片包裹住。为便于观花，可握住花茎，将叶片从根部摘除。

**重组花与叶**　把分开的花与叶以花在上叶在下的方式重新组合在一起，这样能够突显花朵娇艳的美感。可将花与叶 5 枚一组地组合在一起。

**摘掉残花**　根据花朵的开放次序，要先摘掉下方枯萎的残花。茶色的花朵有碍观赏，可以摘掉。

**有根铃兰的处理要领**　在透明的玻璃容器中栽种下一棵看得见根的铃兰，这会营造出自然的气氛。水容易变脏，要每天换水才行。

# 17 松田山梅花
## Mock orange

资料卡 DATA　　科名：虎耳草科 / 别名：萨摩空木
原产地：日本、中国、欧洲、北美洲 / 枝长：70~100cm / 花朵直径：2~5cm
上市期：4月—5月 / 持花天数：4~5天

初夏时节，松田山梅花的枝头就会绽放清纯动人的四瓣花。香飘四溢、形似梅花的此花枝条与齿叶溲疏（ *Deutzia crenata* ，在日本也叫"空木"）的很相似，因此被日本人称作梅花空木。此花本是日本山地野生的落叶灌木，长期以来因为适合庭栽、能够做花道的素材而备受喜爱。现在，此花的花材多是原产于欧洲的杂交品种，花市上也出售粉红色的重瓣品种、大轮品种、有香品种。松田山梅花的上市期是固定的。

**结花特征**　新枝枝头会生长很多新芽，新芽开花后就会形成花朵群落，看上去花团锦簇。

A

B

表　　里

**确认花材的表里**　用花材做装饰时要确认花朵的表里。要用花材的表面做装饰，表面就是花材的向阳面，花开较好的一面。与之相反的就是花材的背面（里面）。

**主流品种**　日本花市上出售的均为国产品种。**A**：雪白重瓣的松田山梅花。也有单瓣品种。清新的绿叶和白色的花朵交相辉映，看起来十分典雅。**B**：香气扑鼻的百丽多华（Belle Etoile）带红的花心十分别致，也被称为"红太阳空木"，是花朵直径为5cm的大轮品种。

## 打理要点 Point

**在花材根部剪几道切口**　松田山梅花的吸水性较好。在花枝根部剪开若干切口，可通过拓宽裂口增加花枝的吸水面积。操作时应使用专门剪枝用的园艺剪刀。

**剪掉下方多余的花枝**　枝条会萌发新枝，可剪掉浸在水里的部分。可将剪掉的枝条插在小花瓶里做迷你花束。

**插瓶后整理枝条**　如果枝叶过于繁茂，可以将其修剪疏松，以便让花材变得更加平衡优美。

**插在高花瓶观赏**　为突显枝条的美感，可将其插入高花瓶。枝条吸水量大，应在瓶中多加水。

18
绣球
Hydrangea

# 18 绣球
## Hydrangea

资料卡DATA　科名：虎耳草科 / 别名：八仙花 / 原产地：东亚、北美洲东南部 / 枝长：30~100cm
花朵直径：10~30cm / 上市期：1月—2月、5月—7月、12月（秋色绣球全年均有售）
持花天数：5~14天（秋色绣球能开约2周）

　　绣球在日本的酸性土壤里会绽放蓝色花朵，在欧洲的碱性土壤里会绽放红色、粉红色花朵。不同的土质会影响绣球的花色，这虽然让绣球花看上去很神秘，但它的本色却依然是蓝色的。绣球蓝色花朵花团锦簇的样子也让它有了"集真蓝"的美名。日本原产的山绣球在传入欧洲后几经改良得到粉红色系品种丰富的绣球，又再次传入了日本。近年，别有一番风情的秋色绣球积聚了较高的人气。

两性花
装饰花

**绣球和秋色绣球**　**A**：形容若枯、情趣十足的古风色系秋色绣球。图中为蓝色混合古风绣球，适合制作干花，全年有售。**B**：日本国产露天栽培的繁茂生长的绣球。5月—7月是此花的花期。花期过后，花朵就会枯萎，所以不适合制作干花。
**山绣球和栎叶绣球**　**C**：与手鞠球般圆润的B类绣球不同，C是中心部分像被相框围住的山绣球的代表花形。**D**：花朵形似金字塔的栎叶绣球。它绿色的花苞在开放后会渐变成白色。此花只在夏季开放，其叶片的形状也十分独特。

**花朵构造**　山绣球的花形是绣球的基本花形（右上）。花朵是由中心较小的"两性花"和外部较大的"装饰花"构成的。装饰花的花瓣其实是萼片，中心很小的花瓣才是真正的花瓣。手鞠球状（左）的绣球花多由装饰花构成，其中心也生有两性花（下）。

E　F　G

**花色的变化**　绽放伊始的绣球花白中带蓝（右），蓝色会越来越浓（左），并最终会变成蓝色的花朵（中）。因为绣球花的花色总在变化，所以在日本它也被称为七变化。它的花语是"变心""转性"。

**花色与花形**　做花材的花序多为球形。花市上出售的有白、紫、蓝、粉红等各色绣球。绣球有较大的花朵，还有圆滚滚的花球和带有褶皱的花瓣等花形。花枝的吸水性较强，装饰时要多加点水。

**秋色绣球的种类**　秋色绣球本是日本进口品种，但现在也有了很多日本培育的品种。**E**：带有绿色、花色经典的古风绣球。**F**：花朵紫中带绿的美丽阿尔卑斯古风绣球。**G**：花色嫩粉可爱的莫妮卡古风绣球。

## 打理要点 Point

**烧烤花茎切口**　绣球的吸水性欠佳。剪掉1cm长的花茎，并烧烤切口，以防细菌繁殖。这样做能够让花开得更长久。

**摘掉下叶**　叶片又大又多，可适度摘掉叶片以增强花枝的吸水性。剪掉浸在水中的下叶。

**切分花序、调整大小**　可切分过大的花序。可使剪掉的花序浮于水面观赏，秋色绣球的花序还能制作干花。

**用胶带粘取花瓣**　日子久了，花瓣就会凋落。可用胶带轻松粘取清理残花。

## 玩赏与制作

**插花**
**Arrangement**

插花
Arrangement

充满物哀之风的秋色绣球充分地诠释了秋季风情。可用木制托盘盛装秋色的绣球花，要把托盘边缘露出来，调整花朵大小，这样才能突显整体的美感。还可以配上时令鲜果、成熟的无花果，这样做能把气氛烘托得更加美好。

花材：秋色绣球（阿尔卑斯古风绣球）、紫菀（Aster）、黄栌、无花果

把1枝皇家蓝的绣球花插在白色的水壶中，如此搭配出来的清凉感最能体现初夏的气氛。为让叶片搭在瓶口，可调整花材高度使之保持整体平衡。

花材：绣球

**花环**
**Garland**

剪切秋色绣球的花序并晒干，用线绳穿起来的花环。

a

b

# 19
## 星芹
### Astrantia

　a 罗马（Roma）/ b 百万星辰（Million Stars）

**20**
栀子
Common gardenia

# 19 星芹
## Astrantia

| 资料卡 DATA | 科名：伞形科 / 英文名：greater masterwort |
| --- | --- |
| | 原产地：欧洲、西亚等地 / 株高：30~60cm / 花朵直径：3~4cm |
| | 上市期：全年 / 持花天数：7~10 天 |

　　星芹是欧美人在初夏时用来装扮庭院的宿根植物，日本人将其用作切花。星芹约有 10 个原生种，花市上常见的是园艺品种（*Astrantia major*）。星芹在风中摇曳的天然花姿和精雕细琢般的花朵是它的最大看点。由于其花姿很像闪耀的繁星，所以被希腊人称为"星星（Aster）"。星芹有白、粉红、酒红、浅绿等花色，但其香气独特，制作花材时不要过度使用。

花

苞片

**花朵构造** 花形如星的花朵其实是苞片。真正的花朵是中心部分的小颗粒。40~50 个筒状小花呈半球状地聚集在一起。

A

B

C

**结花过程** 花茎的分枝部位的顶端会生有数枚花朵。随着时间的流逝，花朵会从边缘向中心逐渐变色。聚成球状的叶片并不显眼。

**花朵大小** 花朵大小因品种而异。左边是花朵直径为 3cm 的百万星辰，右边是花朵直径为 4cm 的 罗 马 。

**主要品种** 所有的星芹都是在分枝后开花的。**A**：这是销售量最大的园艺品种。淡绿色和白色的花朵不可思议地交杂而生，看上去单纯美丽。**B**：这是花朵较大的酒红色的罗马。**C**：这是小一号的园艺品种——百万星辰，它的花朵虽然很小，但结花很多。

## 打理要点 Point

**巧用花茎的优点** 把花茎纤长的花材插在高花瓶中，就能衬托出花朵楚楚动人的风情。插花时要摘掉下叶。

**在深水中养精蓄锐** 星芹的吸水性较好，但植株容易缺水。如果花材发蔫，可用报纸将其包好，再在深水中浸泡一晚，这样就能让花材恢复活力。

**制作干花** 星芹干爽有气质，适合制作干花。在花朵变色前可将其悬挂风干。要用花色较深的品种制作干花。

# 20 栀子
## Common gardenia

资料卡 DATA　科名：茜草科 / 别名：栀子花 / 原产地：日本、中国、印度等地
枝长：约 20cm / 花朵直径：约 8cm
上市期：5 月—7 月 / 持花天数：约 4 天

梅雨时节散发着浓烈香气的栀子是适合庭栽或做树篱用的灌木。夜晚，栀子的香气会越发浓烈。由于它丝绢般的花瓣容易变黄，所以很少有人用它做切花，盆栽的花枝也不会被剪取应用。秋季，栀子会结生橙色的果实。这种果实自古以来就被人们当作黄色染料，或入药使用。栀子的果实成熟后也不会裂开，所以在日本栀子也因此得名"无口"。

A

B

C

**可长期观赏的盆栽花**　可将栀子栽种在常规的 5 号花盆（直径为 15cm）中。花苞会渐次绽放。雄蕊花瓣化的重瓣品种不会结种子。

**花苞和叶片**　花苞以螺旋状收卷。叶片光泽亮丽，终年常绿。花谢之后，叶片也有很高的观赏价值。

**切花和盆栽**　栀子既有重瓣品种也有单瓣品种，市面上出售的多为重瓣品种。**A**：花瓣摸起来手感很好且有厚度，能做切花用的重瓣品种，代表品种为花、叶较大的白蟾（*Gardenia jasminoides* var. *fortuneana*）。**B**：2种盆栽的重瓣品种，多为株高40cm的小型品种。**C**：做切花的花材（左）与盆栽花枝（右）相比，二者的差别显而易见。

## 打理要点 Point

**在花材根部剪几道切口**
栀子的吸水性较好。在花枝根部剪开若干切口，可通过拓宽裂口增加花枝的吸水面积。操作时应使用专门剪枝用的园艺剪刀。

**白色花朵会渐变成茶色**
纯白色的花瓣会从边缘向中心逐渐变黄，最终变成茶色。变黄的花瓣依然很香，不要立即摘掉。

**装饰要领**　花材喜水，可为之多加些水和切花营养剂。花朵大有质感的花材会营造出豪华的气氛（左）。剪取盆栽的花枝插在玻璃杯里，还会有清凉惬意之感（右）。

**21**
欧洲荚蒾
Viburnum snowball

**22**
**藤蔓植物**
Vine

a 翡翠珠（*Senecio rowleyanus*）/ b 糖藤 / c 千叶兰（*Muehlenbeckia*）/ d 多花素馨（*Jasminum polyanthum*）/ e 常春藤 / f 百部（*Stemona japonica*）

# 21 欧洲荚蒾
## Viburnum snowball

资料卡 DATA 　　科名：忍冬科 / 原产地：东亚、欧洲
　　　　　　　　枝长：70~120cm / 上市期：全年 / 持花天数：约 10 天

　　欧洲荚蒾是枝头生满形似小型绣球花般花朵的人气花木。4 月—5 月（日本国产品种的花期），欧洲荚蒾会绽放石灰绿色的清爽小花，此后，花朵会渐变成白色。由于花球洁白似雪，所以也得名"雪球"。过去，人们称此花为"荚蒾"，与其结生果实的同类品种地中海荚蒾（Viburnum tinus）一起出售，为了区别二者，才将之命名为"雪球"。最近，市场上花色淡粉的品种也有售。

花　直径约为 1cm 的小花聚集成球状，点缀在枝头，繁花似锦。

叶　如枫叶般裂开的叶片又薄又软。

枝　新枝明艳鲜绿，老枝茶色木质化。只有新枝的枝头才会萌芽开花。

**生长周期**　庭栽欧洲荚蒾在秋季时叶片会变红飘落。入春后，欧洲荚蒾又会生出光彩照人的新叶和拳头大小的花球。

**花色的变化**　淡绿色的小花苞（左）在绽放过程中会渐变成更加浅淡的绿色花朵（右），盛开的花朵是白色的。不要购买花苞太硬的花材，这样才能尽情观赏花朵盛开的美丽。

**新枝和老枝**　茶色的老枝上会生出绿色的新枝。制作花材时如果摘掉老枝，就会影响花材的吸水能力，花朵也容易枯萎。

## 打理要点 Point

**在花材根部剪几道切口**　欧洲荚蒾的吸水性较差，花材容易缺水。在花枝根部剪开若干切口，可通过拓宽裂口增加花枝的吸水面积。

**加入切花营养剂**　为了延长花材的观赏时期，可在花瓶中加入净水剂和切花营养剂。

**应插在高花瓶中**　由于花材枝长、存在感强，因此可将其插在高花瓶中，这样更能彰显它的自然风情。欧洲荚蒾可以作为调节花艺作品整体气氛的配角加以使用。

**保留老枝**　让新老枝交界处的枝条搭在花瓶边缘，以便保持整体的平衡感。操作时要摘掉下叶。

# 22 藤蔓植物
## Vine

藤蔓植物是无法独立生长，需要依附其他植物或物体攀爬生长的植物。由于很多观叶植物均为藤蔓植物，所以可以从盆栽中剪取用作叶材。藤蔓植物虽然一贯被认为是花艺中衬托花朵的配角，但其自身十分茁壮且易于摆弄，所以也可以挑班唱独角戏。无论吊挂还是悬在墙壁上，只要能突出它们悬垂的特质，就能领略到它的魅力所在。

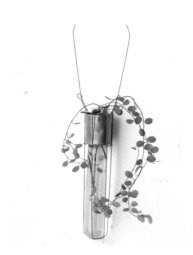

## 千叶兰 Wire plant

| 资料卡 DATA | 科名: 蓼科 / 原产地: 新西兰 |
| --- | --- |
| | 株高: 40~100cm / 上市期: 全年 / 观叶天数: 约 10 天 |

千叶兰针一样细的茎上无序地生长着红色圆形的小叶片。将其插入花瓶，它就会柔软地下垂，从而营造出柔美的气氛来。也可以如图所示地将其挂在墙壁上。它和任何花都能搭配在一起，是个能够烘托花朵的好"龙套"。千叶兰栽培简单，只养一盆就能随用随取。千叶兰吸水性很好，但却容易干枯，应经常为其加湿保鲜。

## 常春藤 Ivy

A B C D

| 资料卡 DATA | 科名: 五加科 / 别名: 西洋常春藤 / 原产地: 欧洲、北美洲、亚洲 |
| --- | --- |
| | 株高: 约 60cm / 上市期: 全年 / 观叶天数: 1~2 周 |

常见的叶材常春藤有 15~20 个品种，各品种的叶片大小不一、形状各异。常春藤还有叶片生长白色、黄色斑纹的品种，堪称个性十足。常春藤吸水性好，茎不易腐烂，能生长根须。**A**: 叶片生有白色斑纹的白色奇观（White Wonder）。**B**: 个性鲜明令人印象深刻的匹兹堡（Pittsburgh）。**C**: 绿叶色泽美丽的薄荷蜂鸟（Mint Kolibri）。**D**: 生有白色斑纹、圆润可爱的蜂鸟（Kolibri）。

## 糖藤 Sugar vine

| 资料卡 DATA | 科名: 葡萄科 / 原产地: 中国、朝鲜半岛、日本 |
| --- | --- |
| | 株高: 约 60cm / 上市期: 全年 / 观叶天数: 1~2 周 |

五片叶裂形如手掌，保持着一定的距离又互相连接的叶片自然而轻盈。糖藤的茎十分柔软，适合展现舒缓的动态美。由于叶片背面生有白色甘甜的液体，所以这"像糖一样甜的藤蔓植物"就被称作"糖藤"。易于养护的糖藤只要栽种一盆，就能随用随取。糖藤的吸水性很好，但不耐干燥，可喷雾加湿。

## 翡翠珠
### String-of-beads senecio

| 资料卡 DATA |
| --- |
| 科名: 菊科 |
| 原产地: 纳米比亚 |
| 株高: 20~30cm |
| 上市期: 全年 / 观叶天数: 7~10 天 |

细长的茎上缀满颗粒状叶片，形似珍珠项链。翡翠珠是较为耐旱的多肉植物，其圆润的叶片就是为了蓄水进化形成的。垂放或卷曲其独特的茎都可以表现它的动态美。栽种一盆就能随用随取。叶片为新月形，吸水性好。

## 多花素馨
### Pink jasmine

| 资料卡 DATA |
| --- |
| 科名: 木犀科 |
| 原产地: 中国 / 枝长: 40~100cm |
| 上市期: 全年 / 观叶天数: 7~10 天 |

藤本灌木的多花素馨从春季到初夏每根藤条上都能开放 30~40 朵馨香筒状的粉红色、白色小花。花朵盛开时，藤条就会散发出浓郁的香气。盆栽便可提供花材。此花的藤条虽然产量很少，却终年有售。多花素馨吸水性好。装饰时可以让它垂挂下来，也可将其缠绕在花瓶边缘或花瓶的把手上。

## 百部
### Stemona

| 资料卡 DATA |
| --- |
| 科名: 百部科 |
| 原产地: 中国 / 株高: 30~50cm |
| 上市期: 全年 / 观叶天数: 7~10 天 |

百部是江户时代从中国引进日本的藤蔓植物，也被日本人称为"利休草"。人们经常将它与茶花搭配插花，明艳的绿叶生机勃勃，螺旋状卷曲的藤条十分可爱。由于它能和东西方风情各异的花朵相搭配，所以在婚礼上也经常能见到它的身影。百部的叶片呈圆形，吸水性很好。

这是我在外国的生活杂志上看到的"小型聚会"餐桌花艺布置。小型聚会就是我们和家人、朋友围坐在圆桌旁畅谈说笑的小派对。如果能够在室内外找到合适的位置，那就把平时用的餐桌和椅子搬过来。餐桌不必装饰得太精致完美，用木箱代替餐桌也可以，与朋友们一起布置餐桌是件快乐的事。亲自下厨、布置餐桌，与亲朋好友倾心交谈——这样的小型聚会随时都能为生活增色添彩，创建一段特别的时光。

1:oo pm

摆放时令鲜果

聚会　　　花园茶会
# Gathering　garden tea party

用心爱的餐具布置餐桌

2:oo pm

今天点缀餐桌的主角是短舌匹菊

丁香、荚蒾、尤加利、母菊等　　　　　和三五好友

3:00 pm

可食花卉、无花果蛋糕、草本水

b

a

c

**23**
洋桔梗
Eustoma

74　a 琥珀紫双色（Double Amber / Purple）/ b 名媛白（Celebrity White）/ c 女王白（Reina White）

d 名媛粉（Celebrity Pink）
e 格拉纳浅粉（Granas Light Pink）
f 克拉丽丝粉（Claris Pink）
g 古典粉（Antique Pink）
h 塞西尔粉（Cecil Pink）

# 23 洋桔梗
Eustoma

资料卡 DATA　科名：龙胆科 / 别名：草原龙胆（Lisianthus）或土耳其桔梗
原产地：北美洲 / 株高：70~100cm / 花朵直径：5~12cm
上市期：全年 / 持花天数：10~14 天

　　被称为"土耳其桔梗"的洋桔梗实在是名不副实，之所以这样称呼它，是因为它本来的花色为土耳其蓝，而花朵又形似桔梗。洋桔梗是昭和时期传入日本的。1970 年，日本人开始对其不断地育种改良。改良培育出的新品种有 300 多种，如花瓣有褶皱的大轮品种、形如玫瑰的重瓣品种等。洋桔梗十分耐热，花期较长，花色丰富，是夏季珍贵的观赏花卉。最近，人们正通过削减花苞的方式来增大花冠，结果洋桔梗的花冠也就越来越大了。

**花**
花瓣薄而细腻

**叶**
肉厚的叶片左右对称地长在花茎两侧

**茎**
粗壮的主干会生出分枝，茎表十分光滑

**花冠大小**

**超大轮**
花朵直径大于10cm
古典粉：12cm

**大轮**
花朵直径小于10cm，大于6cm
贵公子：8cm

**中轮**
花朵直径小于6cm
奶油泡芙：6cm

**代表品种**　洋桔梗花瓣丰厚的重瓣品种因其花姿美丽，从而给人们留下了十分深刻的印象。**A**：花姿清爽的单瓣品种塞西尔粉。**B**：杯状绽放、花形美丽如玫瑰的罗西纳薰衣草（Rosina Lavender）**C**：花瓣有波浪花边呈锯齿状等明显特征的名媛粉。

**喷雾形花姿**　分生的枝头会结生花苞，剪枝会提升整体的层次感。不紧闭的花苞才能开花。

**改良中的重瓣品种**　栽培方法不同则花冠大小也不同。

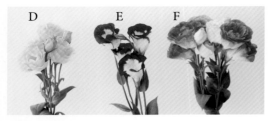

**引人注目的花色**　**D**：多为花瓣全体同色（即单色）的奶油泡芙（Cream Puffs）。**E**：花瓣主体为白色，带有紫色或粉红色边缘的罗西纳蓝色覆轮。**F**：白色的花瓣上略带颜色的罗贝拉蓝色光斑（Robella Blue Flash）。

**花色多彩**　**G**：花色纯白、花瓣有褶皱的中大轮幸福白（Happiness White）。**H**：让人联想起糕点的奶油泡芙。**I**：花色清爽、花瓣有褶皱的大轮贵公子。**J**：花色粉红可爱的克拉丽丝粉。**K**：深棕色古典优雅的贵妇人。

## 打理要点 Point

**花色会变淡**　花色会随着花朵的绽放而出现前深后浅的变化。最后开放的花朵颜色发白。所以一只洋桔梗也能呈现出色彩纷呈的变化。

**用手指肚摘取叶片**　摘掉水中的下叶时，为了减少断面对茎的损害，要用手指肚横向滑动摘取。

**摘掉残花**　洋桔梗的吸水性很好。为了让花苞也能绽放，要用剪刀剪掉残花。也可以折断花茎。

**切分使用**　剪掉主干上的分枝。分枝有长有短，修剪时要注意错落有致。

## 玩赏与制作

### 插花
### Arrangement

### 插花
### Arrangement

用花冠大而华美、花瓣生有褶皱的洋桔梗做装饰时，可大气地用有质感的大枝来配合花冠。这样的组合既古典又优雅。可以将其插在自然朴素的大布袋里点缀房间。

花材：2 种洋桔梗（古典粉和贵妇人）、黄栌

充满野外风情的竹篮花艺作品。白色的重瓣洋桔梗配上素雅的绿叶能让人感受到初夏高原的习习凉风。

花材：3 种洋桔梗（女王白、幸福白、名媛白）、翠雀、秋色绣球、三白草、香叶天竺葵

24
芳香植物
Herb

a 香蜂花（*Melissa officinalis*）/ b 百里香（*Thymus*）/ c 香叶天竺葵 / d 羽叶薰衣草（*Lavandula pinnata*）/ e 母菊
f 荆芥（*Nepeta cataria*）/ g 留兰香（*Mentha spicata*）/ h 鼠尾草（Sage）

i 圆叶薄荷（*Mentha suaveolens*）/ j 罗勒（*Ocimum basilicum*）/ k 香叶天竺葵

# 24 芳香植物
## Herb

与生俱来就带有香气的芳香植物可以用来烹饪、美容和保健。很多原产于欧洲的芳香植物自古以来就是人们日常生活的好帮手。这些生命力顽强且易于栽培的芳香植物也可以用来装扮房间，带给我们快乐和幸福。芳香植物的叶片和小巧的花朵都十分可爱、魅力十足。近期，芳香植物也频繁以切花和叶材的形象出现在我们的生活中。

### 薄荷 Mint

科名：唇形科 / 株高：20~80cm

气味清凉的薄荷有三个主要品种，即留兰香（A）、圆叶薄荷（B）和生有斑点的凤梨薄荷（Pineapple mint）（C）。不同品种的薄荷香气各异。将薄荷插入花瓶中观赏时，要摘掉浸在水中的下叶。薄荷与母菊之类的小花很是相配。薄荷浸在水中就会生出根须。

### 薰衣草 Lavender

科名：唇形科 / 株高：20~100cm

薰衣草甘甜的香气有安神的功效。大部分的薰衣草会在初夏时节开花。主要品种有花色蓝紫的甜薰衣草（A），叶片形似蕾丝的羽毛薰衣草（B）。品种众多的薰衣草形态各异、性质有别。薰衣草不喜闷潮的环境，容易把水弄脏，所以装饰时不要加太多水。也可以把薰衣草制成干花欣赏。

### 迷迭香 Rosemary

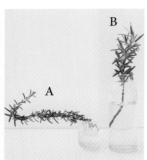

科名：唇形科 / 株高：10~150cm

香气浓郁且充满野性是迷迭香的特征。迷迭香有在地面蔓延生长的匍匐性品种（A）和向上生长的直立性品种（B）。前者植株纤细，适合与小花搭配；后者可以与华丽浪漫的月季搭配。这两大品种的迷迭香虽然花期不同，但却能绽放淡蓝色、白色、粉红色的小花。

### 罗勒 Basil

科名：唇形科 / 株高：20~80cm

罗勒的气味馨香清爽，叶片圆润质感。它和月季搭配在一起时能体现出野性的风情。制作花艺作品时要摘掉水中的下叶。从初夏到秋季，罗勒会绽放穗状的白色小花。需要注意的是，如果环境过于潮湿，罗勒的叶片就会变色，影响其他花卉。

### 香叶天竺葵
### Scented-geranium

科名：牻牛儿苗科 / 株高：20~100cm

天竺葵的茎叶有着独特的芬芳。除了香似月季的品种，还有很多品种。由于此花横向生长，所以应用时要切分处理。把生有斑纹的夏雪滴花（Leucojum aestivum）和白色的天竺葵搭配在一起，就会营造出清凉的气氛。

### 母菊（洋甘菊）
### Chamomile

科名：菊科 / 株高：20~60cm

母菊有花色为黄色、花朵重瓣的品种。代表品种是花朵小巧可爱、香气有如苹果般甘甜的德国洋甘菊（German chamomile）。它的花期在4月—6月，可将纤细修长的母菊插在高花瓶里，这样会让它看上去更加可爱。其细瘦蕾丝一样的叶片也很是美丽。

### 鼠尾草
### Sage

科名：唇形科
株高：30~80cm

药用鼠尾草（Salvia officinalis）是较为常见的品种。鼠尾草肉质较厚的银色叶片十分美丽，与巧克力波斯菊（Cosmos atrosang uine us）等花卉很是相配。

### 百里香
### Thyme

科名：唇形科
株高：15~30cm

百里香分为直立性品种和匍匐性品种。直立性品种的花朵与叶片都很美丽，匍匐性品种的茎非常柔软。

### 香蜂花
### Lemon balm

科名：唇形科
株高：20~80cm

香蜂花有柠檬般的芳香。此花虽然生命力顽强、植株充满质感，可它淡绿色的叶片却给人一种弱不禁风的印象。它与具有自然风情的花卉很是相配。

### 荆芥
### Catnip

科名：唇形科
株高：30~100cm

荆芥，即猫薄荷，清爽的芳香是猫咪的最爱，它银绿色的叶片和紫色的小花也十分可爱。只用荆芥一种植物来装扮房间也是可以的。

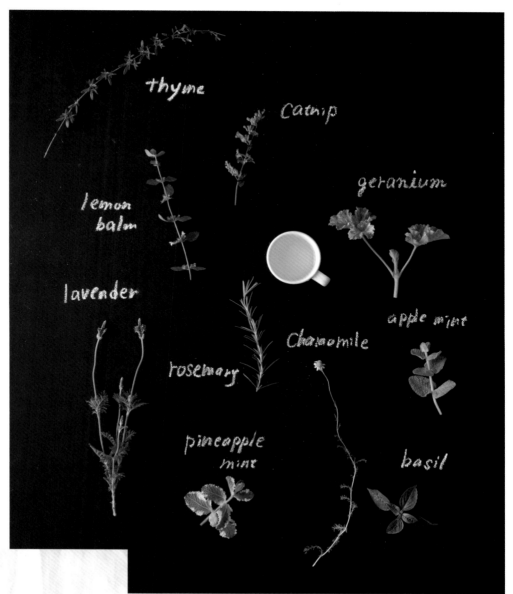

thyme

Catnip

geranium

lemon balm

lavender

apple mint

Chamomile

rosemary

pineapple mint

basil

## 玩赏与制作

### 餐桌布置
### Table setting

### 花束
### Bouquet

在餐桌的黑桌板上摆放上几种心爱的芳香植物，这就能把餐桌装饰得赏心悦目。

芳香植物也可以泡茶、做蛋糕，其应用方法多种多样。

*花材：百里香、荆芥、香蜂花、天竺葵、羽叶薰衣草、迷迭香、母菊、2种薄荷（圆叶薄荷、凤梨薄荷）、罗勒*

这是用 10 种芳香植物捆成的花束。芳香植物很是纤细，制作花束时要留出叶片的间距，使之轻柔地重叠在一起。用这样的花束做礼物送人，一定能博得对方的欢心。也可以将之摆放在厨房或窗台。

*花材：天竺葵（可加入夏雪滴花）、2种薰衣草（羽叶薰衣草、甜薰衣草⊖）、母菊、荆芥、3种薄荷（圆叶薄荷、凤梨薄荷、留兰香）、香蜂花、大阿米芹*

⊖ 该品称学名为 *Lavandula heterophylla*（接受名），以中国自然标本馆网站为准。

# 25
## 浆果类植物
Berry

# 25 浆果类植物
## Berry

在四季分明的日本，浆果类植物的果材只在初夏时节才有供应。蓝莓作为水果在超市里出售的同时，其结果的枝条也能在花店里作为果材出售。一根枝条上同时结生的淡绿色、红色、蓝紫色的果实会给人一种自然美观的印象。这样的浆果类植物也能表现出富于变化的季节感。把浆果类植物栽种在庭院和花箱里，还能获得一份丰收时的喜悦感。

### 红茶藨子
### Red currant

| 资料卡 DATA | |
|---|---|
| 科名： | 茶藨子科 |
| 原产地： | 欧洲 |
| 枝长： | 70~160cm |
| 上市期： | 5月—6月 |
| 持果天数： | 约10天 |

**让果实浸在水中** 一种果材也能焕发出画一样的美感来。浆果类植物的果实非常坚挺，浸泡在水中也不会轻易腐烂。每天换水能让持果天数延长5天。

**修整叶片** 为了不让美丽的叶片遮挡鲜艳的果实，就要把它整理到露出果实为止。

从分枝众多的枝头垂下来的成串果实会从通透的淡绿色渐变成光彩照人的红色。果实越成熟就越容易掉落，但也能长期地挂在枝头。缀满枝头的果实很有观赏价值，可将之插入高花瓶中观赏。红茶藨子的近亲黑茶藨子（黑醋栗，*Ribes nigrum*）作为花材也有贩售。

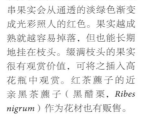

**插入矮一些的容器中观赏** 短而分散的枝条可以插在矮一些的容器中，这样做可以营造出初夏时节的清新气息。

### 蓝莓
### Blueberry

| 资料卡 DATA | |
|---|---|
| 科名： | 杜鹃花科 |
| 原产地： | 北美洲 |
| 枝长： | 50~110cm |
| 上市期： | 6月—7月 |
| 持果天数： | 约1周 |

结生小青果的观赏用蓝莓，其可食用品种的主产地在日本的长野县和群马县。可食用蓝莓的修剪枝和果实未熟的枝条都可以做枝材应用。蓝莓是冬季落叶的落叶灌木，其生长着红叶的枝条也可以作为枝材出售。蓝莓的枝叶都十分小巧秀气，所以很容易打理。

**修剪枝条** 可剪掉枝条分叉的部分来调整枝条的长短。把枝条根部剪开有助于枝条吸水（详细操作方法见68页）。

### 加拿大唐棣<sup>⊖</sup>
### Juneberry

| 资料卡 DATA | |
|---|---|
| 科名： | 蔷薇科 |
| 原产地： | 北美洲、欧洲 |
| 枝长： | 70~160cm |
| 上市期： | 5月 |
| 持果天数： | 约1周 |

**装饰时把叶表调至正面** 被太阳照射的一面是叶表。叶表较为光泽美丽，装饰时应将此面朝上，并摘掉浸在水中的下叶。

此树为落叶乔木，会在春季展叶前绽放白色的小花。由其英文名"Juneberry"可知，此树在6月份会结生出直径约1cm的果实。青色的果实在成熟后会变得红中带黑。此树秋季的红叶也十分美丽，因此被列入有人气的庭栽树种。此树易于栽培且植株不高，若将之栽种在花箱中，则全年均可观赏。

**修整叶片** 修整叶片直至露出果实。可将修整好的枝条插在高花瓶中。

### 黑莓
### Blackberry

| 资料卡 DATA | |
|---|---|
| 科名： | 蔷薇科 |
| 原产地： | 美洲东部地区 |
| 枝长： | 15~50cm |
| 上市期： | 5月—9月 |
| 持果天数： | 约1周 |

**把枝条插在看上去较厚重的容器中** 鲜艳的果实会垂挂在枝头，所以要将之插在厚重一些的容器里才能保持平衡。

黑莓是悬钩子属（*Rubus*）的落叶蔓藤植物，也可以视作灌木。初夏花谢后，黑莓就会结生果实。绿色的果实会逐渐变成口红一样的红色，并最终变成黑色。花市上出售的多是将要变成红色的青果枝条。长度在40~50cm的枝条最容易处理，操作时要小心枝条上的刺。

**享受果实成熟的过程** 果实由青变红的过程非常令人期待。枝条吸水性好，要摘掉水中的下叶。

⊖ 学名为 *Amelanchier canadensis*。

玩赏与制作

### 插花
### Arrangement

红色的黑莓和鲜花组合在一起能让人感知天时之乐。可爱的黑莓与花朵搭配时还能提升自身的魅力。从树上折下来的新鲜枝条展现的是令人百看不厌的自然之美。

花材：黑莓、月季［魔法准则（Magic Rule）］、大阿米芹［黑骑士（Black Knight）］

### 插花
### Arrangement

这是把天然蓝莓枝散布调整而成的花艺作品。青色的果实把白色的花朵衬托得十分活泼明媚。将之与蓬松的花朵搭配在一起，会让作品变得十分俏皮。

花材：蓝莓、大阿米芹（绿雾）、大花葱、多肉植物

# 26
## 黄栌
Smoke tree

绿喷泉（Green Fountain）

**27**
法兰绒花<sup>⊖</sup>
Flannel flower

⊖ 学名为 *Actinotus helianthi*。

# 26 黄栌
## Smoke tree

| 资料卡 DATA | 科名：漆树科 / 别名：烟树 |
| --- | --- |
| | 原产地：南欧、中国、美国 / 枝长：50~100cm / 花序长度：约 20cm |
| | 上市期：5 月—6 月、9 月—10 月 / 持花天数：5~10 天 |

　　形似轻柔羽毛的"树叶"其实是黄栌花谢之后留下的柄。由于花柄很像烟雾，所以黄栌也因此得名"烟树"。5 月—6 月是日本国产品种的销售旺季。秋季，叶色酒红的枝材也有出售。在制作花艺作品时，黄栌和任何花卉都能搭配，并会给人一种沉稳温和的印象。只用黄栌做装饰也是可以的。黄栌在花开之前也可作为叶材出售，酒红色叶片的皇家紫（Royal Purple）非常惹人喜爱。

**种子**
黑色的颗粒是黄栌的种子。黄栌为了能把种子播向远方，才会生长羽毛一样的花柄

— 种子

**花柄**
花柄是不能成长为种子的花轴，花谢之后会长得很长

**叶片**
多为圆形或椭圆形

**常见品种**　黄栌的花柄有红、白、粉红、绿等颜色，市售的品种也越来越多。**A**：格外鲜艳美丽的粉红色的红羽毛。**B**：生有略带粉红色的酸橙绿色花柄的绿喷泉。

**制成干花观赏**　黄栌容易风干，所以适合用来制作干花。叶片虽然会缩水，但花柄却会在稍显干枯后呈现出干爽的美感，可以用它来装饰房间。

**花朵构造**　落叶的黄栌可分为雌树和雄树。只有雌树的花序才蓬松柔软。5 月—6 月时，黄栌就会绽放花朵直径为 3mm 的淡绿色穗状小花，花朵会逐渐变成紫色。花谢后，雌树的不稔花（不结种子的花）花轴就会变长，并最终长成羽毛般的形状。

## 打理要点 Point

**在花材根部剪几道切口**　黄栌的吸水性较差。在花枝根部剪开若干切口，可通过拓宽裂口增加花枝的吸水面积。操作时应使用专门剪枝用的园艺剪刀。

**剪取下叶**　可摘掉部分叶片抑制水分蒸发，但过度摘除也会影响枝条的风韵。

**修剪枝条**　一根粗枝上生有若干细枝，可剪掉分枝，这样更易于装饰使用。

**水要少加**　每天都要给花枝换水。把枝条摆成放射状就能展现出蓬松柔软的气氛来。

# 27 法兰绒花
## Flannel flower

| 资料卡 DATA | 科名: 伞形科 / 原产地: 澳大利亚 |
|---|---|
| | 株高: 15~35cm / 花朵直径: 约4cm |
| | 上市期: 全年 / 持花天数: 5~7 天 |

　　法兰绒花本是原产于澳大利亚的野花,其花与叶生得十分丰满。花朵生有胎毛般柔软的白色茸毛。由于其手感很像法兰绒,所以被称为法兰绒花。可爱的花形、婀娜自然的花茎、洁白的花色与暗黄色的叶片相配,营造出的朴素温婉的气氛让法兰绒花斩获了大量的粉丝。此花也能用来装点简约的花园婚礼。之前,日本的法兰绒花多以进口为主,但近期日本也培育出了花冠较大的国产品种(花期在 4 月—5 月)。

**花朵构造** 原产地澳大利亚的干燥气候造就了此花的结构。看似木茼蒿的花瓣其实是苞片,真正的花朵其实是中心的部分。苞的中心壮观地绽放着很多伞形小花。

苞片

茎和叶

花

**苞片** 它其实是花朵根部生长的叶片,作用是包裹保护花苞。边缘生有如染上去般的绿色部分是它的主要特征。

**茎和叶** 茎和叶都生有密实的白色茸毛。银白色的茸毛让植株看上去很是温暖亲切。因此,花材在圣诞节时的销售量也相对较高。

**干花** 花材悬挂起来就能自然风干。可将其插在容器中或挂在墙壁上观赏。

## 打理要点 Point

**花材和银绿色的叶材最相配**
法兰绒花茎长叶细,与其让它独当一面,不如和"银叶"植物之类的叶材搭配在一起。尤加利(图片见 112 页)或银叶菊(*Jacobaea maritima*)等植物的叶材都可以与其搭配。

**在深水中吸水** 法兰绒花的吸水性较差。可用报纸将买来的花材包好,在水中剪去花茎后,再浸入深水一两个小时。花材全体都吸足水后,花朵就不容易枯萎了。

# 28
## 波斯菊
Cosmos

a 双击玫瑰糖果（Double Click Rose Bonbon）/ b，j 雪泡芙（Snow Puff）/ c，i 双击白（Double Click White）
d，h 花边（Picotee）/ e 轰动粉（Sensation Pinkie）/ f，g，k 轰动白（Sensation White）

# 28 波斯菊
## Cosmos

| 资料卡 DATA | 科名：菊科 / 别名：秋樱 |
| --- | --- |
| | 原产地：墨西哥 / 株高：40~100cm / 花朵直径：3~5cm |
| | 上市期：8月—11月 / 持花天数：5~10 天 |

　　波斯菊是经常在俳句（日本的一种古典短诗）中出现的日本秋季代表花卉。它虽然看上去很柔软，但任何强风都不能折断它柔韧的花茎。发现了新大陆的哥伦布一行人把它从墨西哥带回了西班牙。希腊语中的"kosmos"有"秩序""协调""美丽"等含义，因此人们将波斯菊命名为"Cosmos"。明治20年（公元1887年）时，波斯菊传入了日本。多数波斯菊为粉红色的单瓣花朵，在与黄波斯菊（*Cosmos sulp-hureus*）杂交之后，又出现了黄色的新品种。

**花**
多为单瓣。粉红的花色深浅不一, 色彩丰富

**叶**
大部分波斯菊的叶片细长且十分茂盛

**茎**
又细又长, 生有很多分枝, 末端弯曲

**花姿**　由于波斯菊也是菊科植物的一员, 所以其花与叶很像菊花。茎叶纤细易折, 摆弄花枝时要格外小心。

**主流品种**　波斯菊多为单瓣品种, 也有筒状花瓣的重瓣品种和花瓣边缘生有锯齿的褶皱品种。**A**：筒状花瓣的半重瓣、重瓣的双击系列。**B**：花色纯白的雪泡芙。**C**：经典的白色单瓣品种——轰动白。**D**：深红色大花冠的红色凡尔赛。**E**：粉红色的轰动粉。**F**：重瓣华丽的双击萝丝蹦蹦 **G**：白底红边的覆轮品种。花色有个体差异。

**花苞的辨别方法**　波斯菊带有少许颜色的花苞才能开放（右）, 紧闭坚硬的则不会开放（左）。

**小心花粉**　花朵在凋谢之前会结生大量的花粉。落在衣服上的花粉很难洗掉, 需多加注意。

## 打理要点 Point

**剪掉下叶**　剪掉浸在水中的下叶。有质感的叶片容易失水, 可进行适度修剪。

**在深水中吸水**　波斯菊的吸水性较差。可用报纸将买来的花材包好, 在水中剪去花茎后, 再浸入深水一两个小时。花材全体都吸足水后, 花朵就不容易枯萎了。

**剪切花茎**　纤细的花茎有很多分枝。为便于操作, 应根据花瓶高度剪去这些分枝。

**插在高花瓶中**　波斯菊茎叶纤细, 随风摇曳的姿态很有风情。可将其插在朴素简约的高花瓶中, 这样才能展现出秋季独特的神韵。

采摘野外的波斯菊，将其自然随性地摆在窗台上。花朵俯首绽放的风姿很是可爱，透明的花瓶会让花材看上去更加明快活泼。如果摆上两瓶这样的波斯菊，会让窗台显得生机勃勃。

花材：5 种波斯菊［花边、轰动粉、双击玫瑰糖果、双击白、凡尔赛红（Versailles Red）］

## 玩赏与制作　　　插花
Arrangement

把白色和淡粉色花朵插在竹篮中会构成充满野趣的画面，引发人们的怀旧情绪与思乡之感。作品的亮点是纤弱的花茎体现出的自然动感。

花材：3 种波斯菊（双击白、雪泡芙、轰动白）、圆锥绣球（*Hydrangea paniculata 'grandiflora'*）

# 29
## 大丽花
Dahlia

a 米尚（Michan）/ b 樱桃珠（Cherry Drop）/ c，g 啦啦啦 / d 月光华尔兹（Moon Waltz）/ e 朝阳手鞠球 / f 双姝（Pair Beauty）/ h 黑蝶

i 马尔康白（Malcom's White）/ j 天鹅（Swan）

# 29 大丽花
## Dahlia

| 资料卡 DATA | 科名：菊科 / 原产地：墨西哥 |
| --- | --- |
| | 株高：50~100cm / 花朵直径：8~30cm |
| | 上市期：全年 / 持花天数：3~5 天 |

　　大丽花本是春种秋赏的球根植物。19 世纪的欧洲曾因 3 万多种园艺品种的大丽花引发过一场热潮。江户时期，荷兰人把大丽花传入了日本。在明治时期和昭和 20—30 年间，大丽花在日本也曾有过较高的人气，但终究繁华落尽风光不再。直到 21 世纪黑色大轮品种"黑蝶"问世，日本人才开始再次关注大丽花，并为之疯狂。此后，大丽花的新品种在日本渐次登场，且全年有售。不过，大丽花受不了日本的高温酷暑，因此，除了盛夏，其他季节花店里均出售大丽花花材。

**代表品种**　大丽花花色多彩、花形丰富，有十几个代表品种。主要品种的花形有：花瓣筒状、细长回卷的仙人掌花形；花瓣较宽呈舌状重叠的装饰花形；花冠较小的重瓣蓬松花形。**A**：花瓣卷曲呈波状的美丽老师（Beautiful teacher）。**B**：花形浑圆可爱的球状朝阳手鞠球。**C**：红白双色的啦啦啦。**D**：花形规范正宗的正规装饰花形双姝。**E**：引爆日本大丽花热潮的主角黑蝶，其花形介于仙人掌形和装饰花形之间。**F**：花色深红似火的热唱。**G**：粉红花瓣略带青色的大型球状米尚。**H**：花瓣为通透橙色的哈米顿少年（Hamilton Junior）

**让人获得感满满的大花冠**　随着大丽花花冠的不断增大，从直径为10cm的小轮品种到直径超过30cm的超大轮品种，应有尽有。比如，西伯利亚（Siberia，**I**，9cm）彩雪（**J**，11.5cm）马尔康白（**K**，23cm）三种白色的大丽花摆在一起时，区别很明显。

**茶色、中空的花茎**
花冠底部和根之间的茎是中空的。花茎易断，操作时要多加小心。茎为茶色。

## 打理要点 Point

**选购要领**　并非所有的花苞都能绽放，要选花开七八分的花材购买。

**摘掉叶片**　由于叶片会让花材失水且容易受伤，所以要摘掉包括下叶在内的各处叶片。

**剪切花茎**　大丽花吸水性较好。在水中剪除花茎时要小心断折。剪刀要水平切入。

**处理残花**　重瓣品种的花瓣会从外部花瓣开始向外侧弯曲并枯萎。剪去这样的花瓣，以便延长观赏时间。

玩赏与制作

### 插花
### Arrangement

图中为形色各异的大丽花组合作品（其实也可以只摆放一朵花）。把各种花材自由混搭，将之摆放在木箱子里，就能展现出令人百看不厌的美感。

花材：8种大丽花 [ 美丽老师（Beautiful Teacher）、哈米顿少年、朝阳手鞠球、双姝、黑蝶、月光华尔兹、啦啦啦、米尚 ]、蓝盆花

### 花束
### Bouquet

图中为被秋天的艳阳照射得通透美艳的大丽花花束。花束中银绿色的尤加利叶被照得熠熠生辉。用撕裂的亚麻布代替丝带捆绑花束能够营造出别致的新鲜感。

花材：4种大丽花（彩雪、西伯利亚、啦啦啦、樱桃珠）、娇娘花、2种蓝盆花、2种波斯菊、尤加利 [ 多花桉（*Eucalyptus polyanthemos*）]

a

c

b

# 30
## 蓝盆花
Scabious

d

a 阿尔巴（Alba）/ b 安达卢西亚（Andalusia）/ c 女王（Queen）/ d 球藻（Marimo）

## 31
娇娘花
Blushing bride

# 30 蓝盆花
## Scabious

| 资料卡 DATA | 科名：川续断科 / 原产地：西欧等地 |
| --- | --- |
| | 株高：30~70cm / 花朵直径：1.5~6cm |
| | 上市期：全年 / 持花天数：3~5 天 |

　　全世界的蓝盆花共有 80 多种，原产于日本的品种也是其中之一。在拉丁语中，蓝盆花有"疥藓"之意，据说它能治某种皮肤病。常见的花材有随着花朵绽放花心逐渐凸起、花色丰富的紫盆花（scabiosa atropurpurea）和花冠大、花瓣宽、花色为蓝紫色或奶油色的高加索蓝盆花（scabiosa caucasica）等园艺品种。日本花市上出售的都是国产品种。蓝盆花在日本的主要产地和季节变化有关。夏秋两季的蓝盆花多产自北海道等高寒地区，冬春的蓝盆花多产自九州等温暖地区。

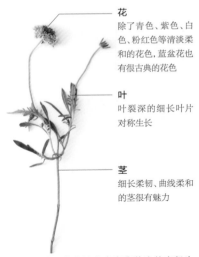

**花**
除了青色、紫色、白色、粉红色等清淡柔和的花色，蓝盆花也有很古典的花色

**叶**
叶裂深的细长叶片对称生长

**茎**
细长柔韧、曲线柔和的茎很有魅力

**主要品种**　蓝盆花大致可分为两类品种，一类是只开一朵大花的品种，另一类是花苞和叶片呈喷雾状生长的品种（多头品种）。**A**：花朵直径约 3cm 的斯特恩·库格尔（Sternkugel）。花名在德语中作"星球"讲。花谢后，会集结很多花籽。适合制作干花。**B**：绿色小花球很可爱的球藻。**C**：花色红白相间十分美丽的女王。**D**：花色惊艳的安达卢西亚。**E**、**F**：高加索蓝盆花（Scabiosa caucasica）的品种，褶皱的花瓣十分优雅，其中 **E** 是阿尔巴，**F** 是法玛 Fama。

**花朵构造**　茎上端生有密集丛生的直径为 1.5~6cm 的小花。中部小花呈筒状，周围大花呈唇形。有 4 枚雄蕊。

**花苞的辨识方法**　左侧略膨胀的花苞会绽放，右侧又小又硬的就不会开放了。将花材摆到向阳处有利于花苞绽放。

## 打理要点 Point

**浸在深水中**　蓝盆花吸水性较好。花材容易发蔫，可用报纸将之包好并在深水中浸泡 1h。

**摘掉下叶**　剪掉浸在水中的叶片。此花不耐闷潮，摘掉多余的叶片可以延长花期。

**搭配细长的花瓶**　为了突显花茎纤细的美感，可将花材插在细长的容器中。切花营养剂能让花苞尽快绽放。

# 31 娇娘花
## Blushing bride

**花**
茎的上端生有若干分枝,每个枝头都有数轮簇生的花朵

**叶**
纤细的圆柱形叶片就像展开的羽毛

**枝**
有些细瘦,不太美丽

| 资料卡 DATA | 科名：山龙眼科 / 原产地：南非 |
| --- | --- |
| | 株高：约 40cm / 花朵直径：5~10cm |
| | 上市期：5月—11月 / 持花天数：1周左右 |

　　新娘花是南半球的珍稀野生植物。在 40 多种新娘花中能做花材出售的品种是娇娘花（*Serruria florida*）。末端尖锐的花瓣能让人感受到异国情趣,这是此花的特点。此花无法在日本生长,花材只能依赖进口,主要进口国为澳大利亚。由于花瓣边缘呈粉红色,所以英国人称之为"红脸蛋的新娘"。此花是婚庆典礼的人气花材。已故王妃戴安娜就是用此花做的婚礼花束。

**花姿全貌**　娇娘花在澳大利亚为株高 2m 的常绿灌木,可做花材出口。在澳大利亚,此花的花期在冬春两季（相当于日本的夏季和秋季）。

**不开花的花苞**　茎的顶端开着很多花,但花苞却不会绽放。

**貌似花瓣的苞片**　看似重瓣花瓣的部分其实是苞片（保护花苞的叶片）。苞片的手感较硬,其内侧密集地生有众多花朵,看上去十分绵密。

A　　　　B

**主要品种**　娇娘花只有白色、粉红色两色。通透的苞片既美丽又清纯。微微颔首的花冠别有一番风情。**A**：花朵开放后,中心的粉红色会越来越浓的娇娘花（*Serruria florida*）。**B**：白色的苞片中带有酸橙色的白娇娘花,看上去十分清爽。

## 打理要点 Point

**浸在深水中**　娇娘花吸水性较好。花材容易发蔫,可用报纸将之包好并在深水中浸泡 1h。

**做装饰时要剪短花材**　可以剪短不美观的枝,以便突显花的美感。要用把枝遮挡起来的容器做花瓶。

**摘掉下叶**　摘掉浸在水中的叶片。要选择叶片无茶褐色斑点、精神饱满、鲜嫩的花材购买。

**制作干花**　干涩的苞片可以用来制作干花。花朵全开时,可将其悬挂起来,这样就能风干成干花。干燥后,花材会变成浅淡的茶色。

a

# 32
毛核木
Symphoricarpos

b

a 白树篱（White Hedge）/ b 红珍珠（Scarlet Pearl）

a

b

c

d

**33**

巧克力波斯菊
Chocolate cosmos

# 32 毛核木
## Symphoricarpos

| 资料卡 DATA | 科名：忍冬科 / 英文名：Snowberry（雪果） |
| --- | --- |
| | 原产地：北美洲 / 枝长：50~70cm / 花朵直径：1~5cm |
| | 上市期：8月下旬至11月 / 持果天数：约12天 |

　　毛核木是初夏绽放小花的落叶灌木，其秋果最是惹人怜爱。直径约 1cm 的簇生果实光泽洁白，所以被日本人称为"雪晃木"，被英国人称为"雪果"。

　　"Symphoricarpos"在希腊语意为"成串的果实"。最近，市面上也出现了果实为粉红色、淡绿色、红色的新品种。当然，纯白美丽的原色果实也是非常珍贵的。日本花市出售的枝材都是栽种在长野县、山形县等高冷地区的国产品种。

**主要品种** 除了果实为白色的品种，市面上也有粉红色、淡绿色和红色大颗粒果实的品种。**A**：果实粉红可爱的红珍珠。**B**：果实洁白的古老品种白树篱，像珍珠一样通透的果实十分美丽。

**摘掉茶色的果实** 要选择果实无损伤和污渍的枝条购买。有伤的果实为茶色，要小心地摘掉变色的果实。

**修整叶片** 叶片过多会遮挡果实，因此应适当摘掉叶片。另外，叶片容易枯萎，所以还是把多余的叶片摘掉为妙。

**果实** 直径约1cm的果实十分圆润，成簇垂挂在枝头

**叶** 椭圆形或鸡蛋形的叶片不耐干燥

**枝** 枝条细瘦，枝头常被缀满的果实压弯

**花姿全貌** 从树高近1m的灌木上剪取下来，以枝条的形式出售。枝条有很多纤细而松散的分枝。果实可以做小鸟的口粮，冬天时依然会垂挂枝头。

## 打理要点 Point

**倾斜剪枝** 枝条吸水性较好，可倾斜着剪取枝条。随着果实逐渐成熟，枝条的吸水性会随之变差。可摘掉下叶和多余的叶片。

**剪切枝条** 可把较长的枝条分上下两部分剪开。应在分枝的根部做剪切处理。剪掉多余的枝更利于做装饰。

**枝条以短小精干为宜** 剪短枝条可以突显果实的可爱。枝条不耐干燥，可在瓶中多加些水。

# 33 巧克力波斯菊
## Chocolate cosmos

| 资料卡 DATA | 科名：菊科 / 原产地：墨西哥 |
|---|---|
| | 株高：60~80cm / 花朵直径：3~5cm |
| | 上市期：全年 / 持花天数：5~7 天 |

　　花色为黑色或茶色让人感到沉稳安心的巧克力波斯菊带有巧克力般的香气，是波斯菊的近亲。花期在初夏至秋季的多年生草本植物巧克力波斯菊是在大正时期传入日本的，但作为切花被应用却是最近几年的事。花色高贵典雅、茎与花之间保持的微妙平衡是此花的魅力所在。巧克力波斯菊可以在东西风格的花艺作品中发挥特有的美感。只用一朵花做装饰也很有观赏性。随着品种的改良，花瓣厚重、花色各异的品种也与日俱增。

**花**
像天鹅绒一样高贵有质感的单瓣花瓣一共8片

**叶**
各品种的叶片稍有差别，与波斯菊不同的是，叶片无叶裂

**茎**
细长柔软的茎很是优雅，上部为巧克力色

**花姿全貌**　挺拔颀长的茎上端生有一枚深色花朵。较硬的花苞大多无法开放。

A　B　C

**主要品种**　随着与黄波斯菊的不断杂交，巧克力波斯菊也有了花朵大、花色新的改良品种。日本花市上出售的花材均为国产品种。A：巧克力波斯菊的原生种，香气浓郁，花瓣边缘的裂痕很美丽。B：略带红色的古典红。C：深红色的圣诞红，花朵较大，香气不足。

## 小知识

巧克力波斯菊不结种，不能自然繁殖。由于它只能依靠芽插法繁殖，所以野生品种已经灭绝了。随着与黄波斯菊的杂交，巧克力波斯菊在增加品种的同时，也延长了花期。除了盛夏，其他时间均能购买到花材。但杂交品种的香气较弱。花冠会在日落时低头颔首，这是因为花朵在光线差的环境中会"休眠"。天亮时，花朵就又会挺直腰杆精神饱满地迎接新的一天。

## 打理要点 Point

**浸在深水中**　巧克力波斯菊的吸水性较差。花材如果发蔫，可用报纸将其包好并在深水中浸泡 1h。这样花材就能恢复活力了。

**突显茎的美感**　修长的茎上端生有一朵花，看上去很是俏皮。为其加入切花营养剂，花朵就能长期绽放。

## 34
圆锥绣球
Minazuki

# 34 圆锥绣球
## Minazuki

资料卡 DATA　　科名：虎耳草科 / 别名：金字塔绣球花 / 原产地：日本
枝长：70~90cm / 花序长度：40cm
上市期：9 月—11 月 / 持花天数：3~5 天

　　圆锥绣球是绣球的近亲，是生有圆锥形大花序的圆锥绣球（*Hydrangea paniculata*）的园艺品种。由于花序侧面呈三角形，所以此花也被称作金字塔绣球。春季，圆锥绣球的枝条会生长出嫩芽，枝头生长出的花序会在初夏时节开花。届时，绿色的花苞会渐渐变成纯白色，再变回绿色。随着秋季的到来，花朵会从浅粉色变成深粉色，再变成红色。当圆锥绣球的叶片变红时，它还可以作为叶材在市面出售。从花序侧面长成大三角形到花序变红，圆锥绣球的成长需要约 2 个月的精心呵护。

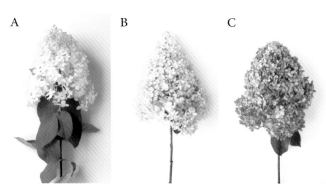

**依时而变的花色**　圆锥绣球的主要产地是日本的群马县。长约 40cm 的大花序会随着季节的变换而改变颜色。花材的上市期是固定的。**A**：初夏时雪花一样洁白清新的圆锥绣球，持花天数为 7~10 天。**B**：可爱的淡粉红色圆锥绣球，此花只在 9 月中旬能观赏到。**C**：色泽美丽的红叶圆锥绣球，枝叶容易干燥，适合制作干花。

**花瓣般的萼片**　看似花瓣的部分其实是花蕊退化成的具有装饰性的萼片。萼片能让人长期观赏到花朵的美艳。

**庭栽圆锥绣球**　圆锥绣球多被用于庭栽。7 月，圆锥绣球会绽放白色的花朵（其实是萼片），10 月时花序会变红，冬季便自然落叶。

## 打理要点 Point

**多加些水**　初夏，把开白花的花枝插在高一些的玻璃瓶里，这会营造出清凉感。花枝很能吸水，可多加些水。

**摘掉多余的叶片**　由于叶片容易枯萎，要摘掉包括水中下叶在内的多余叶片。切割花枝的根部（请参考 88 页）可以提升花材的吸水性。

**调整花序大小**　大花序是由众多小花序组成的。可以通过剪掉小枝上的花序调整花序的整体大小。

**切分小花序**　可以把小花序剪得更小，以便制作花环用。从枝头剪取会比较便于操作。

**制作花环**　剪切小花序，用茎围成花环，再用藤本植物做花环骨架就可以了。等花朵自然风干，花环就做好了。

---

⊖ 学名为 *Hydrangea paniculate 'Grandiflora'* 的品种。

**35**

七灶花楸

Japanese rowan

蔷薇果

菱叶常春藤（*Hedera rhombea*）

金丝桃

## 36
## 观果植物
Fruit

地中海荚蒾（*Viburnum tinus*）

拔葜

# 35 七灶花楸
## Japanese rowan

资料卡 DATA　　科名：蔷薇科 / 原产地：日本、朝鲜半岛
　　　　　　　　枝长：100~200cm / 上市期：9月—10月 / 持果天数：2周左右

　　日本北海道街道两边的绿化树七灶花楸的汉字名写作"七灶"，意思是扔进灶坑七次也烧不尽的树，可见它的生命力有多么顽强。初夏，直径约 1cm 的小花会成簇生长，并会在花谢后结生小巧的果实。果实到了秋季就会变成红色。届时，七灶花楸的树叶也会变得鲜红美丽，是一种能让人感知到秋天到来的好枝材。在自然中生长的七灶花楸即便在落叶之后，也会有果实挂在枝头。

**簇生果实**　枝头垂挂的直径约 5mm 的球形果实会成簇生长。较大的果实压弯了枝头。

**果实和叶片的特征**　红色的果实之所以能长久地挂在枝头，是因为富含防腐保鲜功能的山梨酸。一根小分枝上生长着很多细长又尖的美丽叶片。长在同一根分枝上的锯齿状小叶片形成了一片大叶片。

**树的特征**　树高 6~10m 的落叶乔木，其果实在叶片尚绿时，就会逐渐变红。到了秋季，叶片和果实都会变成红色。可以剪切此树的树枝做枝材。在日本，做枝材的花楸都是北海道地区出产的。

## 小知识

欧洲也有近似的欧亚花楸（*Sorbus aucuparia*）。此树的英文名为"Rowan"，它来自北欧语"Luna（守护）"一词，所以其引申意思为"护身符"。在北欧神话中，雷神托尔（Thor）掉进河里快被淹死时，一枝花楸树枝把他从河水里拦了下来。因此，人们相信花楸有"守护"的作用。此外，欧洲人还认为花楸木做的十字架能够辟邪。所以，花楸的花语就是"我要保护你"。

## 打理要点 Point

**在枝材根部剪几道切口**　七灶花楸的吸水性较差。在枝条根部剪开若干切口，可通过拓宽裂口增加枝条的吸水面积。操作时应使用专门剪枝用的园艺剪刀。

**把枝材插在厚实些的花瓶中**　由于枝头的果实又多又重，枝材难免会显得头重脚轻。为了扶正枝条，可将其插在厚重的高容器里。应在容器里多加点水，否则叶片容易枯萎。

**制作干花**　由于七灶花楸的叶片容易脱水，果实成熟了也不会掉落，所以可以用来制作干花。悬挂枝条就能将其自然风干。把干枯的枝材摆在盘子中观赏就能领略到它的成熟之美。

# 36 观果植物
## Fruit

在花艺中也有植物的果实和种子惹人喜爱的观果素材。大小不一的圆润果粒在令人感到可爱的同时又不乏幽默感。红色、黑色、绿色的果实看上去十分艳丽诱人。果实比花朵更结实，更易于打理，且观赏期较长。所以用它来做花艺作品也能感受到别样的魅力。果实会在不同季节呈现出不同的样态，是能够展现季节感、观赏价值高的好素材。

### 蔷薇果
### Rose hip

| 资料卡 DATA | |
|---|---|
| 科名： | 蔷薇科 |
| 原产地： | 北半球 |
| 枝长： | 70~100cm |
| 上市期： | 8月—12月 |
| 持果天数： | 2周左右 |

**红色的果实不会枯萎** 成熟之前的绿色和橙色果实会枯萎干瘪，但成熟后的红色果实就能制作花环了。

无叶的瘦枝上会结生直径约1cm的果实。果实在8月—9月时是绿色的，在10月—12月时就变成橙色或红色并被作为枝材出售。蔷薇果也有带刺的品种。其野生品种多为藤本植物，结实好的品种才是园艺品种。

### 菱叶常春藤
### Ivy-berry

| 资料卡 DATA | |
|---|---|
| 科名： | 五加科 |
| 原产地： | 北非地区 |
| 枝长： | 30cm左右 |
| 上市期： | 1月—3月、10月—12月 |
| 持果天数： | 1周左右 |

**插在高脚瓶中** 爬藤性枝条上的果实也会垂下来，所以插入稍高一点的花瓶里最为合适。白色的花瓶能把花材衬托得清晰分明。

黑色小巧的果实充满质感且放射状地聚在一起。爬藤性品种的果实会从枝头上垂挂下来。果实在初夏时是绿色的，之后会变成蓝色、黑色的。日本自产的枝材很少，1月—3月是上市期，可以用来制作干花。

### 地中海荚蒾
### Viburnum tinus

| 资料卡 DATA | |
|---|---|
| 科名： | 忍冬科 |
| 原产地： | 南欧 |
| 枝长： | 30cm左右 |
| 上市期： | 1月—2月、9月—12月 |
| 持果天数： | 1周左右 |

**在花材根部剪几道切口** 地中海荚蒾是欧洲荚蒾（见66页）的近亲，吸水性较差。在花枝根部剪开若干切口，可通过拓宽裂口增加花枝的吸水面积。

红色的枝头生长着昂首挺立、鲜艳小巧的果实。果实的颜色会逐渐变深。地中海荚蒾的果实也有蓝珍珠的美誉。可以制作干花。宽厚的常绿叶片也十分美丽，具有观赏价值。

**制作花环** 用剪刀除去枝条上的刺，可以用枝节的自然卷曲把茎盘绕成美丽的圆环。

### 菝葜
### Catbrier

| 资料卡 DATA | |
|---|---|
| 科名： | 百合科 |
| 原产地： | 日本、中国等地 |
| 枝长： | 70~80cm |
| 上市期： | 5月—12月 |
| 持果天数： | 2周~1个月 |

枝节弯曲的藤条上生有尖锐的刺。菝葜需依附其他植物生长。果实在初夏时是绿色的，到了秋季就会变成红色。果实不易枯萎干瘪，可以制作干花。夏季有带叶片的枝条出售。

### 金丝桃
### Tutsan

| 资料卡 DATA | |
|---|---|
| 科名： | 藤黄科 |
| 原产地： | 北美洲、欧洲 / 枝长： 60~70cm |
| 上市期： | 全年 / 持果天数： 1~2周 |

金丝桃原生种的果实是红色的，新品种的果实有绿色、粉红色和奶油色。放射状地长在枝头的果实旁有圆形的绿色萼片。秋季，金丝桃的红叶也可以做叶材出售。

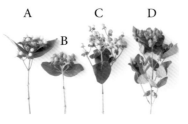

**常见品种 A**：奶油色的白秃鹫（White Condor）。**B**：绿色的绿秃鹫（Green Condor）。**C**：淡粉色的甜蜜才华（Honey Flair）。**D**：鲜红的魔幻激情（Magical Passion）。

**在枝材根部剪几道切口** 金丝桃的吸水性较好。剪开枝条根部有助于提高吸水性。叶片过多时要注意疏剪。

**制作干花** 果实颜色深的品种更适合制作干花。

**37**
尤加利（桉）
Eucalyptus

银叶山桉（*Eucalyptus pulverulenta*）

多花桉（ *Eucalyptus polyanthemos* ）

# 37　尤加利（桉）
## Eucalyptus

资料卡 DATA　　科名：桃金娘科 / 原产地：澳大利亚
枝长：80~100cm / 上市期：全年
持叶天数：10~14 天

　　自带清香、叶片银光闪闪的尤加利很有个性，约有 700 多个品种的尤加利是原产于澳大利亚的常绿树。其中能够提供叶材的有银叶山桉等品种。还有 40 多种尤加利叶可以为考拉提供口粮，这些品种的树叶不适合用作叶材。由于尤加利有消菌杀毒的功效，所以自古以来就被人们广泛地应用着。澳大利亚的原住民就用它的叶片来给伤口消毒止痒或用来止咳。如果多用些枝条来装饰房间，就能闻到叶片独特的香气了。

**主要的叶材**　尤加利叶片大小不一，形态各异。**A**：可爱的叶片呈细长心形的多花桉。生长在枝头的是花苞。**B**：叶片如敷银粉、魅力独特的银世界。**C**：肉厚的圆形叶片相对而生的银叶山桉。

**萼片具有观赏性的品种**　看似果实的部分其实是被干燥的叶片紧紧包裹的花苞。野生的尤加利其实是开花的。**D**：果实般的萼片铃铛似地串联在一起的毛叶桉（*Eucalyptus torelliana*）。**E**：生有个性的青铜色叶片的尤加利（*Eucalyptus* × *tetragona*）。

## 打理要点 Point

**用手摘掉下叶**　尤加利的吸水性较好。虽然摘掉叶片很简单，但要小心，避免被树叶分泌的油粘住手指。

**制作干花**　把叶材挂起来就能风干出美丽的干花。干燥后的叶片虽然会有些褪色，但用它来制作花环，会很自然地变成干花。

**用干花做装饰**　上图是用适合做干花的花材捆绑而成的装饰女装用的小花束（制作时素材还是新鲜的）。把枝条的根部用飘带或布条扎起来就可以了。

## 玩赏与制作

### 花束
### Bouquet

### 插花
### Arrangement

为房间增光添彩的干花花束。把花束放在包包里，再把包包挂在墙上或摆在喜欢的位置即可。包包的颜色和材质也会影响作品的美观，要慎重挑选。

花材：2 种尤加利（多花桉、银叶山桉）、佛塔树（*Banksia*）

用尤加利叶制作的清新花艺作品。白色的花瓶或墙壁可以把灰绿色的叶片衬托得更加美丽。既可以给枝条加水，也可以不加水，使其风干成干花。

花材：银叶山桉

## 38
罂粟科植物
Poppy

# 38 罂粟科植物
## Poppy

| 资料卡 DATA | 科名：罂粟科 / 原产地：北半球 |
| --- | --- |
| | 株高：30~50cm / 花朵直径：6~10cm |
| | 上市期：1月—4月、11月—12月 / 持花天数：3~5天 |

　　世界上约有 150 种罂粟科植物。能够提炼吗啡的罂粟从公元前就被人们作为麻药应用，现在不含吗啡的被视为园艺品种。做切花出售的是野罂粟，此花细瘦的茎的根部生有叶片，但花材往往都没有叶片。野罂粟的花朵如剪纸般精美，花色十分丰富，花市上出售的多为将色彩缤纷的野罂粟捆绑在一起的花束，但实际上单枝花观赏起来也十分风雅。

**质感独特的花朵**　如同绉纱一样生有褶皱的纤弱花瓣是此花的一大特征。主流品种多生 4 片花瓣。花朵中心硕大的黄色花蕊十分醒目，与花朵的色彩形成了鲜明的对比。

**被黑色茸毛覆盖的花苞**　野罂粟的茎和花苞都生有胎毛一样的黑色茸毛，因此我们无从透过花苞得知花色。垂首生长的花苞挺立起来时，就能通过花苞的缝隙看到花色了。不久之后，花朵就会盛开。开花的过程非常浪漫。

**野罂粟**　这是切花的主要品种。红色、橙色、粉红色、黄色、白色等缤纷的花色看上去都十分鲜艳亮丽。此花多为单瓣品种，不过，也有重瓣品种。

## 打理要点 Point

### 小知识

除了野罂粟之外，在主流花材青黄不接时，花市上也会出售其他品种。比如：
①鬼罂粟（*Papaver orientale*）。此花有三文鱼粉、浅红、白等丰富的花色，5月—6月时会绽放直径为10~20cm的大轮花，是花朵大和植株高的大型品种。
②虞美人（*Papaver rhoeas*）。花期在 4 月—5 月，多为地栽种植。
③喜马拉雅的蓝色罂粟科藿香叶绿绒蒿（*Meconopsis betonicifolia*）。这种透明的蓝色花生长在中国西南地区和喜马拉雅山间。此花只在夏季绽放，花朵如梦幻般美丽，十分珍贵。

**花瓶使用要领**
在使用古典风格的容器做花瓶时，如果担心容器漏水，可以先把花材插在装满水的玻璃瓶里，再把它装进古朴的容器里。

**水要少加**　野罂粟的吸水性很好。但茎里的导管容易堵塞，所以水不要加得太多。换水时不要忘了修整花茎。花茎的曲线十分优美，做装饰时要把花茎露在外边。

## 玩赏与制作

### 插花
Arrangement

这是利用野罂粟自由奔放的花茎曲线制作的早春花艺作品。野罂粟飘摇轻盈的花瓣和香豌豆相向而开，就像在窃窃私语一样。姿态各异的贝母和欧丁香让作品更添一份成熟的风韵。

花材：野罂粟、香豌豆、欧丁香、贝母

# 39
风信子
Hyacinth

# 39 风信子
## Hyacinth

资料卡 DATA　科名：百合科 / 原产地：地中海沿岸至西亚地区 / 株高：15~25cm
花序长度：6~8cm / 上市期：1月—5月、11月—12月 / 持花天数：1周左右

　　在18世纪的荷兰，风信子是继郁金香之后再次引发人们爱花热潮的球根植物。野生风信子开蓝色的单瓣花。随着品种的不断改良，后期也出现了紫、白、黄等花色的园艺品种。现在，风信子的花色越发丰富多彩。此外，人们还培育出了重瓣品种的风信子。芳香独特的风信子是珍贵的香料原料。在希腊神话中，风信子是在吸取了美少年雅辛托斯（Hyakinthos）的血之后才开花的，所以它的花名也与之相似。每到春季，日本除了出售从荷兰进口的品种外，还会出售很多国产品种。

**花朵从下向上依次绽放**
由于风信子是从下向上依次绽放的，所以，选购花序顶部为花苞状态的风信子能延长观赏时期。

**适合水培** 12月时把球根放在玻璃瓶口，不要让水接触球根底部。再把玻璃瓶放在没有暖气、不见阳光的地方。待球根生出根须后，再将其置于阳光下。

**丰富的花色和重瓣品种** 风信子形似铃铛的小花十分可爱，花色多彩美妙。颇有手感的花瓣前端有6处花裂，会向背面弯曲生长。**A**：花的主体为杏色、前端为绿色的珍稀品种。**B**：明艳的黄色花瓣令人印象深刻。**C**：生有蜡笔一样的淡粉色花瓣的新品种。**D**：花瓣重合的重瓣品种，看上去十分华丽。

## 打理要点 Point

**重组叶片** 风信子的吸水性很好。剪掉球根后茎叶就会分离。把叶片按顺序沿着花茎重新排放，再插入花瓶。这样看上去就自然多了。

**摘掉残花** 根据风信子开花的先后次序，可以摘掉花序下部的残花，以便修整花姿，延长观赏期。

**水要少加勤换** 茎容易腐烂，水要少加勤换。花材的茎也会因为长得太长而易断，应将之放在高一些的花瓶中，以便突显美丽的花姿。

**巧用盆栽花苗** 准备一只能完全容纳球根的花盆，再用苔藓覆盖花土。这样做将来就不需要二次移栽了。（成品见123页）

## 玩赏与制作

### 花束
### Bouquet

### 盆栽花艺
### Arrangement

给紫色的风信子配上纯白的小水仙，这样就能制作成温馨的花束了。再加上一枝常春藤，您就能感受到早春的芬芳之气了。

花材：风信子、水仙（纸白色）、常春藤

白色的花卉组合作品也能让清纯的风信子呈现出宁静安详的气韵。在育苗盆里种上风信子的球根，再用苔藓覆盖花土。如果苔藓干枯了就要给球根浇水。可以将其摆放在窗台边观赏。

a

**40**

水仙
Narcissus

b

c

d

e

f

g

h

i

b 冰清玉洁（Ice Follies）/ c 迪克威顿（Dick Wilden）/ d 纸白（Paper White）/ e 财富（Fortune）
f 花园巨人（Garden Giant）/ g 水仙（*Narcissus tazetta var. Chinese*）/ h 黄房水仙（*Narcissus × odorus*）/ i 宾莎（Pinza）

125

# 40 水仙
## Narcissus

| 资料卡 DATA | 科名：石蒜科 / 原产地：地中海沿岸、北非地区 / 株高：30~60cm |
| --- | --- |
| | 花朵直径：2~8cm / 上市期：1月—4月、10月—12月 / 持花天数：5天左右 |

　　花茎挺拔的水仙是报知人们春回大地的球根花卉。日本的国产水仙是名为"水仙（同前页的水仙）"的原生种。由于水仙能在雪中绽放，所以也被称为"雪中花"。它不畏严寒的芳姿傲骨让它成为迎接新年的喜庆花卉。与水仙不同的是花冠华美的黄水仙（*Narcissus pseudonarcissus*）。随着品种的改良，水仙的园艺品种多达2万种以上。水仙的基本花形有两种，一种是一只茎只生一朵花的喇叭形水仙，另一种是茎上生有复数小花的水仙。

**花朵构造**　花瓣内侧中间形同水杯的部分叫作"副花冠"，其长度因品种而异。图为黄色花瓣和橙色副花冠对比鲜明的花园巨人。

**主要品种**　各种水仙的上市期不同。水仙（同前页的水仙）多在12月至次年1月出售，黄水仙多在2月出售。不要舔舐水仙花，它的任何部位都是有毒的。**A**：水仙（同前页的水仙），其香气芬芳甘甜。**B**：花姿端庄的财富，其花朵直径有10cm。**C**：重瓣艳丽的迪克威顿。**D**：花簇生，纯白美丽的纸白，花朵直径为3cm，芬芳扑鼻。

## 打理要点 Point

**切口处会流出汁液**　水仙吸水性很好。花茎会从断口处流淌出汁液，操作时要用水冲洗。做花材时不用加水太多，水仙也能长得很好。

**组合茎叶**　剪断球根与茎叶，茎叶就会分离。插花时，要让茎叶以自然的姿态组合在一起。

## 插花
## Arrangement

图中为用大把纯白清新的水仙纸白制作的花艺作品。把水仙花束捆绑起来再插入花瓶即可完成。给水仙配上白色的花瓶更能彰显它的野性魅力。

花材：水仙（纸白）

## 礼品创意
## Gift idea

带球根的水仙花姿可爱，花期超长。把根须和球根用 10~15cm 的方形纸包起来，就能制作成小礼物送人。把水仙插在盛水的容器中就能长期观赏。

花材：3 种水仙［水仙（Tete-a-Tete）、冰清玉洁、迪克威顿］

KURASHIWO UTSUKUSHIKU KAZARU HANAZUKAN by Yukiko Masuda

Copyright © Yukiko Msuda 2017

艺术指导·设计　天野美保子

摄影　藤冈由起子

编辑　山本裕美

校对　小野田清美

DTP 制作　天龙社

本书由家之光协会授权机械工业出版社在中国境内（不包括香港、澳门特别行政区及台湾地区）出版与发行。未经许可之出口，视为违反著作权法，将受法律之制裁。

北京市版权局著作权合同登记 图字：01-2019-0578 号。

参考文献

『花屋さんの花材が全てわかる アレンジ花図鑑』（世界文化社）　　　《了解花店全部花材 计划花图鉴》（世界文化社）

『知っておきたい221種 最新版 花屋さんの「花」図鑑』（KADOKAWA）　《221 种必知花材 最新版花店花图鉴》（KADOKAWA）

『四季の花図鑑 心と暮らしに彩りを』（宝島社）　　　　　　　　　《四季花图鉴 为心灵与生活增光添彩》（宝島社）

『花の名前、品種、花色でみつける 切り花図鑑』（山と溪谷社）　　　《花名、品种、花色 切花图鉴》（山和溪谷社）

花材提供方

大井農園（イングリッシュローズ）　　　　　　　　　　　　　　大井农园（英国月季）

JA 高冈 farmers of tulip（チューリップ）　　　　　　　　　　JA 高岗郁金香花农（郁金香）

JA 豊橋デルフィニューム部会（デルフィニウム）　　　　　　　　JA 丰桥飞燕草部会（飞燕草）

JA 中野市シャクヤク部会（シャクヤク）　　　　　　　　　　　　JA 中野市芍药部会（芍药）

JA ながのちくま花卉共販部会（トルコギキョウ）　　　　　　　　JA 长野千曲花卉共販部会（洋桔梗）

JA みなみ信州花き部会ダリア専門班（ダリア）　　　　　　　　　JA 南信州花部会大丽花专门班（大丽花）

生花吉忠（アジサイ）　　　　　　　　　　　　　　　　　　　　生花吉忠（绣球）

（有）綾園芸、（株）フラワースピリット（ラナンキュラス）　　（有）绫园艺、（株）花灵魂（花毛茛）

ワイルドプランツ吉村（マーガレット）　　　　　　　　　　　　野生植物吉村（木茼蒿）

## 图书在版编目（CIP）数据

生活美花图鉴：40种经典花艺素材的使用技巧 /（日）增田由希子著；
袁光等译. — 北京：机械工业出版社，2019.12
（花草巡礼·世界花艺名师书系）
ISBN 978-7-111-63384-6

Ⅰ.①生… Ⅱ.①增… ②袁… Ⅲ.①花卉装饰 – 图解
Ⅳ.①S688.2-64

中国版本图书馆CIP数据核字（2019）第168608号

机械工业出版社（北京市百万庄大街22号　邮政编码100037）
策划编辑：马　晋　　责任编辑：马　晋　于翠翠
责任校对：刘雅娜　　责任印制：李　昂
北京瑞禾彩色印刷有限公司印刷

2020年1月第1版第1次印刷
187mm×260mm·8印张·223千字
标准书号：ISBN 978-7-111-63384-6
定价：59.80元

电话服务　　　　　　　　网络服务
客服电话：010-88361066　机 工 官 网：www.cmpbook.com
　　　　　010-88379833　机 工 官 博：weibo.com/cmp1952
　　　　　010-68326294　金 书 网：www.golden-book.com
封底无防伪标均为盗版　　机工教育服务网：www.cmpedu.com